口袋達人
上海A夢

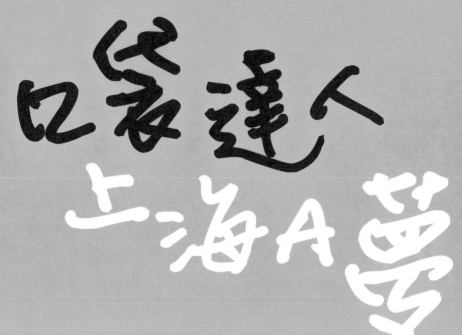

創業緣起｜資金來源｜危機處理｜團隊組建｜營收獲利｜同業競爭｜落地營銷｜商業模式

陳建志、詹宗賢、邱野（述璂）、曾瑩玥
石明玉、洪束華、鄭俊彥、高家偉 ◎著

從別人的故事中找到自己前進的力量

世紀奧美公關創辦人

丁菱娟

　　越來越多台灣人前進中國大陸尋求更好的機會似乎已是不可擋的趨勢，尤其上海更是台灣人喜愛棲息的城市，除了距離近，國際化程度與生活品質也是台灣人的首選。

　　然而，這個十里洋場一向是全球品牌必爭之地，聚集了各地來這裡發展並想要一展身手的人才，可說是臥虎藏龍、競爭激烈，想要在這裡脫穎而出，談何容易？

　　不過，台灣有一群創業家以開墾拓荒的精神，深入市場，突破難關，立足於上海這座耀眼城市，令人刮目相看，也值得敬佩。這本書沒有遙不可及的偉大品牌，卻是一群有心的創業家從零開始到今天，在當地市場深耕近20年而走出自己一片天地的台灣人，這些品牌小而美，正以扎實、誠懇的做法影響市場與消費者。

　　本書上的每位創業家背後都有不服輸的精神，都有失敗和成功的經驗，足以提供給想前進中國大陸的年輕人一些重要啟發和觀念，是一部活生生的工作及創業生存教科書。

　　「進廚房就不要怕熱」，同樣的，想要在全球重要的市場佔有一席之地，全心投入與聚焦專注是必要的。我所認識的Otto2藝術文創集團總經理詹宗賢就是對兒童美學教育充滿了熱情與理念，他離鄉背井將先進的美學教育理念推廣到中國大陸，希望啟發當地家長並嘉惠下一代，就他像傳教士一樣，堅持將每件事做到徹底，如今成為兩岸藝術美學的領導品牌，也不令人意外。

　　由於我自己也有創業的經驗，一路走來，我非常清楚這是一條漫長又難熬的路，無論成功或失敗都有煩惱的部分。創業是不斷地發掘自己和認識自己的過程，也是不斷受挫和修正的過程。沒有人保證創業成

功，但是創業的過程已經讓創業者不斷成長、不斷挖掘自己的潛力；人生的精采其實就是遇見各種挑戰，卻不斷地超越。

　　從別人的故事中找到自己前進的力量，是我希望讀者能夠讀這本書的最大收穫。而創業這條路是屬於有夢最美，希望相隨，堅持到底的不平凡人。

突破困境的救命稻草

上海市台灣同胞投資企業協會會長

李政宏

拜讀8位達人的奮鬥史，眼前的畫面如同倒敘又快轉的電影般，那一幕幕經營企業的艱辛、一頁頁上海的成長史，帶我穿越24年的時空，重溫來滬的點點滴滴，百感交集，感覺既熟悉又遙遠，而書中創業的峰迴路轉、篳路藍縷，也始終穿梭在十里洋場的燈紅酒綠之中，鑲嵌在黃浦江流淌的年年月月裡、流傳在臥虎藏龍的台商圈中，每天上演，不曾稍息！

這8位達人、8個不同的領域，有各自發展的歷程、不一樣的業態和經營模式，但從各自演繹的精采與傳奇中，仍然能夠歸結出一些成功的基因和要素——

1.熱情與堅持：

沒有任何一個創業者是一帆風順的，除了政府專營的企業外，也很少產業不是競爭激烈的，心中若沒有那分對經營企業不熄的熱情與執著，是無法在一次又一次的打擊中倒下又爬起，也無法聚攏員工共度難關的向心力，更別提感動天使或投資方挹注資金的可能性，所以大浪掏沙在殘酷的競爭中，留下並閃亮著的，永遠是那顆堅定不移的心！

2.不斷探索與創新的敏銳度：

身處「第四次工業革命」的大浪中，在全球注目的國際性城市裡，什麼都有可能，什麼也都有馬上被淘汰的可能，甚至是一整個產業！所以，如何順應情勢、調整方向、尋找差異化（做精或做廣），變成了企業持續經營的課題，「一成不變」在現今快速變遷的社會裡，注定要被逼死在沙灘上！

3.從失敗中站起的決心和努力：

創業難免遭遇風波，但如何用盡一切方法，就算砸鍋賣鐵，也要度過難關；就算斷尾求生，也要毅然決然；就算再怎麼困難，也要勇敢面對不逃避；這都是EQ的淬鍊與提升，更是EMBA課程中老師沒教的事！

4.創業前在其他公司鍛鍊的基礎、以和為貴的胸襟，以及加入各種團體累積的人脈與資訊（例如：俊彥、家偉、邱野、瑩玥等，都是上海台商協會的會員，也都在參與協會的活動中得到助益與成長）：

這些都是滋養企業成長的因子，也是企業創新求變的可能，更是突破困境的救命稻草，吾人必須深刻體會！

20多年前，時常會有朋友帶著關懷與試探的眼神，問我：「為什麼要到中國大陸這個充滿不確定風險的地方接手企業？」但時至今日，更多的人諮詢的是：「我非常想來上海，有什麼可以從事的行業嗎？」30年風水輪流轉，當台灣還在持續政治惡鬥及內耗時，中國大陸這條騰飛的巨龍已今非昔比，他所展現出來驚人的消費市場占有率，以及高度發展的科技經濟領域已經讓人無法忽視，而「一帶一路」所擘劃出來出來的雄圖願景，經過短短3年的論證與實踐，除了死鴨子嘴硬的美國外，已經沒有人會懷疑，甚至爭先恐後地想與中國大陸合作；面對這個全球最大的單一市場與「一帶一路」所延伸覆蓋超過全球60％人口的龐大消費商機，相信有許多年輕朋友躍躍欲試，想放手一搏，但是，這個目前全球最被看好的市場，卻也是競爭最為殘酷的殺戮戰場，每天都有數不清的企業設立，卻有更多的企業倒閉。

所以，在你投入這個戰場之前，看看這本書吧！

這本書一次匯集了8個人的經驗與智慧，他們的失敗與成功都有你們可借鑑之處，甚至連我這個老台商讀了以後都深受啟發，更何況書中【第二篇】〈上海A夢〉所討論的幾個議題都是非常實用與接地氣的，雖然問題沒有絕對的解答，也或許見仁見智，但腦力的相互激盪絕對可以為你自己定位出最適合的解決方案，而且最重要的是可以少走彎路，減少損失！

最後，祝福書中的8位達人在人生的創業路中繼續堅持，逐步邁向成功之路，也祝願購買此書的有緣人，從書中獲得寶貴的經驗，累積人生的智慧，成為下一個有故事的達人！

添加年輕本錢 打造精采未來

實踐大學校長

陳振貴

　　《口袋達人上海A夢》一書，是由8位在中國大陸工作和創業將近20年的台灣朋友所共同出版的，作者們自年輕時期就到對岸闖蕩，在上海這個全球最大的內需市場尋夢。他們在各自的領域奮鬥，縱使多次遭遇困難險阻，事業經歷高低起伏，最後仍是捲起衣袖繼續打拼，這種越挫越勇的精神，十分值得現代年輕人學習。本書集結他們長期在異地生存發展的寶貴經驗，無私地與年輕朋友和有志創業者分享。

　　本書其中兩位作者陳建志和高家偉是實踐大學管理學院校友，在異鄉奮鬥多年，如今已闖出屬於自己的一片天。家偉校友畢業於1991年的會計統計科，當年跟在企業大老身邊學習的謙卑態度和寬廣格局，在他身上表露無遺，走上創業路，不僅充實了自己的人生，也實踐了對國際教育的執著和理想；1989年畢業於企業管理科的建志校友，則善用自己的所學專長和優異才能，打造了符合時尚需求的快反應供應鏈平台，成為中國第一家服裝快反模式的領航者。

　　台灣目前有157所大學校院，每年約有30萬名畢業生，這群社會新鮮人除了在台就業外，東南亞和中國大陸的台商也積極向他們招手。我在2014年開始與上海市台灣同胞投資企業協會洽談合作，開啟大學生在大四下學期到上海、廈門等地實習5個月的境外實習計畫。自2015年以來，實踐大學已有超過200名學生到中國大陸的台商企業實習，成果斐然。飲水思源的建志和家偉兩位校友，亦全力支持母校，提供學弟妹至上海實習的機會與資源。

　　中國大陸因與台灣語言相同、文化相近，發展性很大，我常鼓勵年輕人不要安逸在台灣的小確幸，應多學習對岸的「狼性」。實踐大學到上海的實習生，除了培養工作技能外，同時增廣視野，更幸福的

是，還有像建志、家偉這樣優秀的學長就近照顧，並且引領學習，協助年輕學子為職涯發展添加更多本錢。

　　前些時候，建志和家偉連袂從上海返回母校，除了再度深談實習合作事宜外，並且向我邀約撰序，方知他們一群好友合著的《口袋達人上海A夢》一書，即將付梓。仔細了解書中8位業界達人的背景，並瀏覽豐富的內容後，相信他們縱橫職場20年的智慧錦囊，必能帶給讀者諸多的啟發。尤其是年輕朋友，更可從中探尋在異地長期生存與創業築夢的法寶，創造自己不可取代的優勢，進一步打造精采的未來！

說不完的精采故事

台北商業大學校長

張瑞雄

　　創業永遠是一件艱辛且無法預料的事，有時是被逼的，或者因為前東家收攤，或者因為剛好要轉業，或者因為剛好時機到了，但創業不能保證成功，不過從前人不管成功或失敗的創業經驗中，我們總可以學習到某些東西，可以避免很多的錯誤，這就是這本書——《口袋達人上海A夢》——可以帶給讀者的。

　　《口袋達人上海A夢》分為兩部分，前半部叫〈口袋達人〉以第一人稱說故事的方式敘述了8位在大陸創業的台灣人，他們創業的過程、創業的辛酸、創業的感想等等；第二部分叫〈上海A夢〉，則是第一部分的8位創業家用座談的方式來回答有關企業管理、危機管理、追求夢想和現實的拉鋸……等，在創業過程所會面臨的問題。

　　書中作者之一「餐飲科技達人」上海國兆電子科技總經理鄭俊彥是台北商業大學的校友，一向廣結善緣的他，雖然早期即外派至中國大陸，離鄉背井在外拼搏，但長久以來，只要返台，總會找機會回到母校看看，也與師長和學弟、妹保持良好互動，若學校有需要協助的地方，更是熱心相挺，令我印象深刻。看了本書，方知他創業初期的辛酸；從監控管理平台起家，俊彥一直保有趨勢的敏銳度，總是在業界扮演先驅者的角色，不斷研發出符合消費者與時代潮流的產品，逐漸闖出屬於自己的一片天，現在更透過大數據的力量，推動餐飲科技的新未來，相信成功必是指日可待。

　　整本書都是創業者的親身經歷，娓娓道來，非常具感染力，讓人身歷其境感受中國大陸創業的甘苦談，最常看到的句子就是在創業面臨瓶頸或在最艱困的時刻，時常是「淚水或雨水分不清楚」，面臨「財務危機」或「資金危機」等等，令人為書中人著急，但也同時學

習他們如何轉危為安，如何堅決不放棄地繼續向前行。

　　書中很多金句值得大家學習和警惕，例如：當企業漸大時的適當放手和授權，因為一個人再厲害，也不可能「在抬頭看清行進的方向之際，同時又能低頭努力拉車」；然後「專注1釐米，做深1公里」，有專注和專精，才能成功。

　　「創業，就是自我管理極致的體現」！「不要被自己的框架匡住，勇敢做自己努力去追夢，不管結果如何？都是完美人生」。創業者，要具有「懸崖邊的狂歡能力」，同時要「看到別人看不到的細節，解決別人解決不了的事情」。而且人生「唯一的不變，就是轉變！」，要「了解自己的優點，增加自己的優點，善用自己的優點，生活在當下，用智慧和勇氣，不畏困難，朝著夢想努力前進」。

　　「人生沒有用不到的經歷」！泰山不讓土壤，故能成其大；河海不擇細流，故能就其深。我們感謝這些達人的親身經歷和無私的分享，讓後進可以受惠。當然在大陸或上海創業的台人還有很多，精采的故事絕對說不完，我們也期待這本書只是個開始，未來還有第2集、第3集……等等的出版，以記錄更多的經驗和精采。

闖蕩對岸最好的參考書

全能藝人、表演藝術家

劉爾金

　　上海8達人！請允許我這樣稱呼他們。其實我真的是非常有資格來寫這篇推薦序！因為這8位都是我的好友，並且本來出書的人是我！但，我把這個機會推給了我的親密愛人──我老婆啦！所以，她的分享，有一部分也是我的經歷！

　　言歸正傳，我為何要稱他們為8達人呢？

　　我個人認為，不靠大集團、不靠創投，只憑個人之力，能在上海灘活下來這麼多年的企業主，必須是很有EQ、IQ！還有韌性！他們都經歷過很多次的──屢戰屢敗，但是屢敗還是又屢戰！講直接一點，就是「打不死的蟑螂」！

　　我也常跟人說，成功的經驗固然可以參考，但是失敗的經歷更是可貴！

　　在這本書裡有8個領域的奮鬥史，無論你在哪一行，總有一款適合你！

　　先拋開政治因素！各位在台灣的舒適圈生活著，想出去闖一闖！那裡更適合我們台灣人呢？

　　沒有太大的語言隔閡、廣大的市場、經濟正是一片看好的地方，那就是──中國大陸！

　　就我個人的觀察，我們台灣人仍有在中國大陸發展的優勢，我們的專業、創意、彈性、靈活度，都是我們可以在中國大陸發展的利器，只要有勇氣，抓住機會，就能有一片天！你也想來闖一闖嗎？

　　這本書，就是想要闖蕩對岸的你，最好的參考書！

來或不來 最大的內需市場已經存在

快時尚供應鏈達人／傳梭智造快反供應鏈執行長

陳建志

　　曾經有兩年的時間，我每週往返上海與杭州，幫「阿里巴巴」建立一個新型態的產業垂直B2B平台，那時候不管在阿里還是在我公司裡，清一色是大陸優秀的互聯網人才，我很有壓力，感覺我們就要被追趕超越了。有一次週六，我在阿里濱江園區，問平台小二老大，週六、週日你們一直加班，有加班費還是調休假？對方微笑著，看來很憨厚，但鏡片後面卻有著一雙智慧有神的眼睛，跟我說：「陳老師，我們要的更多，要的是能有更大的項目在我們手上，最後有自己的事業，做自己喜歡的未來。」那一刻，我彷彿回到了20幾年前，這種為自己打工心態很像90年代的台灣年輕人，勇敢闖不多想、埋頭苦幹、只看未來！

　　現在，台灣人在大陸的生存價值隨著當地經濟迅猛發展，全球人才都往這裡來，必須開始面對國際專業人才已經進入大陸的強大競爭能力，不容易了，時空背景與飛速的互聯網變化不比當初了。最近我常常跟年輕台灣夥伴們強調自我修煉的兩點：第一、要有自身專業跨界的能力；第二、要有預見未來的能力；跨界能力是指工作綜合能力，以前你是一位文案寫手，寫得一手好文案，根據總監與業務告訴你客戶要什麼；但現在你必須懂得市場行銷的門道，要掌握用戶體驗的反饋，還要知道一、兩個產業的行業知識，這樣，你才能做好一篇在大陸能用的文案。當然，你更要知道在微信公眾號上面，什麼樣的圖文並茂加上灑狗血的文字，才能吸睛，因為，現在是以「閱讀量」來判斷你的文章好不好了？

　　這本書的由來，很醇粹，像一杯清茶，沈澱了，就清澈醇粹了。我們幾位好朋友聚會的時候動了念想，希望把20年來在大陸的沈澱，信手拈來，分享給我們台灣的年輕好朋友。可能你想來，可能你想不通是否來？但不管你來或不來，這個全球最大的內需市場已經存在，闖一闖，總歸是有收穫的，更何況，我們都在，等你！逗陣打拼！

堅持 夢想 勇氣

兒童藝術美學達人／Otto2 藝術文創集團總經理

一個可以掏金的城市、一個可以跟國際接軌的都市，上海，當之無愧！記得8年前來到上海黃浦區，房價一坪約新台幣75萬元，當時我認為不可思議，論材質、論內容，跟台灣都沒得比；幾年過去，房價硬生生漲成2倍，甚至有些地方漲了10倍之多，這絕非危言聳聽，而是我真正見識到大陸經濟爆發的年代。我可能不像其他台商在上海或者在大陸那麼久時間，但當我看到世界500強企業都爭先恐後地要進入中國的市場時，我開始擔心台灣的競爭力了，尤其薪資的凍漲導致消費力下降，中國的崛起也讓外資企業的戰場選擇在中國而不是台灣，心裡擔心卻也無能為力，直到好朋友邀我一起出一本可以給台灣年輕人創業夢想的書，燃起了內心的那股衝動與情懷，我想讓台灣年輕人知道勇敢去闖、創造屬於自己的未來，不用擔心失敗，因為你還年輕。

「堅持、夢想、勇氣」，是我想送給台灣年輕人的話，堅持你的堅持、擁抱你的夢想、執行你的勇氣，天上不會掉下禮物，唯有不斷地充實、努力實踐，才有成功的機會。

「高笑長（家偉）」是我的好朋友，也是這本書作者之一，認識他之後，我每年都好想做一件讓自己有記憶點的事情，熱情是會被感染的，他鼓勵我去「壯遊」，就這樣，一個40歲的中年大叔去了美國3個月；之後的每一年，都有精采故事，譬如：開網路公司、去徒步沙漠……等等，而今年，則是跟著幾個創業者寫了這本書！就像我希望未來的每一天都過得很精采，因此，我相信更多的年輕人比我更有資格讓人生更精采、更豐富，因此，如何去挑戰、去克服，這本書提供你許多我們失敗的經驗，讓你看完之後，更懂得如何避開這些失敗。成功沒有祕訣，只有不斷失敗、不斷挫折，才能真正淬鍊成功！

期待能帶來正面的力量

背景音樂規劃達人／金革諮詢（上海）總經理

邱野（延濤）

一年多前，在回台的航班上與「家偉（笑長）」偶遇，聊到關於音樂產業的變化，以及我公司因應趨勢轉型，已經將背景音樂（公播）規劃與授權作為未來的發展方向，當時家偉就建議我可以出一本書來介紹這個音樂產業變遷下的新興行業，雖然我覺得非常好，但總覺得各方面的條件都不成熟，立即落實的可能性不高，只能非常感謝他的提議。

直到幾個月前，家偉再次提出要出書的想法，不過這次他打算要集合到上海打拼多年、在各領域均有一定成就的好朋友們一塊來出這本書，希望能將各自在上海創業的過程中所遭遇到的各類問題以切身的經驗來做分享，期待可以給想了解中國大陸真實現況，或是計劃來上海創業發展的年輕朋友們真實的案例，能作為大家避免走彎路的參考教材。

我再次遲疑了，雖然現在轉型發展公播在中國大陸前景看好，但真的能給大家什麼值得學習的地方嗎？此時家偉說：「你已經來上海發展十幾年了，從台幹，創業、轉型，再創業，你現在不僅待下來了，還有了明確的發展方向，這些對於想來中國大陸的年輕人是多寶貴的經驗啊！你一定有許多值得他們學習和借鏡的地方！」

於是，我將我從學生時代進入職場，為何會有更多的機會？為何可以進軍中國大陸？為何有機會創業？為何轉型？完整地回憶了一番，衷心地期待能給大家一些正面的力量。希望你喜歡我們8位達人的故事，更歡迎大家到上海來找我們聊聊，謝謝！

創造不同的人生

商場文創規劃設計達人／荔堡企業顧問執行長

　　「當你的舞台高度不同時，你所看到的視野就不同，而你的人生也就不同！」因為老師的這一席話，加上一股年輕的衝動，我來到中國大陸——上海，也讓人生大不同了！

　　來到上海，今年已是第14個年頭了、而我的事業也由單一的火鍋店到品牌行銷整合的文創平台。在瞬息萬變的中國大陸市場、唯一不變的，就是「變」！這一路走來，不知歷經多少次的「死裡逃生」，期間很多時候都想放棄，但最後終究因為不甘願、不服輸而撐下來！曾經有一位長輩語重心長地告訴我：「想在中國發展，不是要比誰氣強，而是要比誰氣長！當上氣能接上那一口下氣時，你就活下來了！」

　　在一次朋友的生日聚會上，一群在中國大陸努力活下來的台商好朋友們，彼此聊著各自在不同領域的奮鬥歷程，經過討論分享，發現有很多在台灣的年輕朋友們想到大陸發展，躍躍欲試。一股當時的熱情衝動又湧上心頭，希望能分享自己的真實經驗，讓年輕人少走彎路，讓想在大陸創業的你、有一本落地且接地氣的中國大陸創業參考書。

　　這本書不一定是最好的，但8位達人、8種領域、8種經歷分享，其中總有1篇適合你！身為台灣女兒的我，對這份土地、這裡的人、事、物，有一分深摯的情感，衷心希望藉由這本書，能牽起不同舞台的創業者，提供一個彼此交流的平台！！

就職尋夢必做的功課

兒童醫療守護達人／聖瑞醫療總經理

　　1996年、2004年兩個時間點飛抵上海，外派、創業、醫療門診運營負責人，雖然一路上遇到許多考驗和挑戰，但感恩之心始終放在第一位，感恩在競爭激烈的環境中，一直有展現自己的舞台、有成就別人的機會，感恩還在夢想的道路上前進。

　　一段時間，總要去一次金茂君悅酒店54樓咖啡廳，從高處眺望窗外，黃浦江的川流不息、生氣盎然的城市建築、晶瑩閃爍的霓虹燈，真是充滿活力與動力啊！我總是在這樣視野中，思考、沉澱、反思，找到再接再厲的能量！

　　這是一座可以A夢的城市，如果你想要來中國大陸就職尋夢，那麼一定要先做一下功課，也就是對中國大陸的了解要夠，過去台灣人受歡迎，在於服務意識、對公司的向心力忠誠度，但現在市場變化太快速了，就職到位馬上能發揮功能，就需要市場的敏感度及應變力，這些跟高薪待遇成正比。

　　如果覺得不那麼著急，可以給自己時間累積經驗、努力獲得工作的被認同，那麼從基層做起，一步一步發展，也是OK的；重點是——自己的心思是不是清楚明白？態度是不是準備到位了？行動是不是時刻為自己的價值奮戰著。

　　本書中的8位達人，所謂達人，包括我自己，指的是在自己領域中的深耕並具備專業性，每一位的口袋中都有精采的故事和經驗可以來跟你分享，而這些都是用時間、汗水和淚水所積累的，不論是創業或就業，認識了我們，歡迎來挖寶，也許你前進中國大陸的道路會因閱讀本書少走一些彎路，甚至變得更加寬廣，也許未來產業其中一顆耀眼的明星，將會是你喔！

踏出實現夢想的第一步

咖啡餐飲達人／瑪利歐咖啡總經理

　　這一切，始於一個簡單的念頭：我想把自己開始學咖啡、學習開咖啡店及連鎖店的建立、運營管理分享給想開店的人，出書是最佳途徑。

　　從工作職場到走入創業人的行列，是一場意外？還是計劃中的道路？我也經常反問自己，找找自己身上是否存在什麼樣的特質？才能一路走過來，除了努力和有毅力這些顯而易見特質外，是否還包括運氣、時機和個人性格具創業契合度？

　　於是，我注意到3個自身的狀況──1. 我有一個思維習慣，簡單描述就是「實用的好奇心」：我常常質疑一些工作的現況及事件背後的因素，想知道事情是如何運轉的？還想知道如何才能運轉得更好？對人以及他們背後的故事感到好奇；2.「喜歡挑戰」：我似乎擁有喜歡挑戰的心，不舒適即是我的舒適區；3. 對「專心」：對於工作，我總是專心致志地做好，並引以為豪。

　　創業之後，我才意識到自己過往的成功的履歷，才會讓員工繼續把賭注押在我身上。在社會活動中，我強調多多露面，參與其中，多往外跑，因為「好事總會來的，但你必須在場才行」。而創業必須設定願景、建立文化氛圍、培養團隊精神、做出艱難的決定……等等，這些都是在我創業之後才開始認真學習的內容。

　　總之，心有多大，舞台就有多大。我們必須擁有樂觀自信的心態，克服恐懼，勇往直前，認識自我、戰勝自我，以堅持不懈、不畏坎坷的決心，在風雨中不改信念，在困難中磨練自己，本有智慧的泉流就會更加清晰、更加明朗了。

　　這本書集結了8個近50歲的人的創業智慧，其中的寶藏，相信有智慧的你也能入寶山而不空手回。

　　祝福有緣閱讀本書的讀者，都能找到自己的口袋達人，踏出實現夢想的第一步！

出書 只是一個開始

餐飲科技達人／上海國兆電子科技總經理

　　2017年，是個蠻有意義的一年，除了成立「國兆智庫」，開始每日提供文章分享外，出書這件事情，更是分享中的分享。感謝家偉這次的大力促成，感謝這些達人兄弟姊妹，一件有意義事情的完成，必須是眾人齊心努力。

　　出書這件事情，好比是團隊做項目，我沒有出過書，好在有很多做項目的經驗，更有7個頂尖的達人夥伴、7份來自不同行業的力量，透過彼此的互助合作，終於把這道菜給端出來。在這本書裡面，不同的是行業，相同的是台灣人在上海的創業堅持，我相信我們是最好的，而且會越來越好。這本書只是一個開始，希望有不同行業需求的讀者，跟著我們分享交流經驗，在行業中佔有一席之地。

　　這10幾年來，由於中國大陸經濟起飛，目前已是世界第二大經濟體，加上政府提倡大眾創業、萬眾創新的雙創精神，除了BAT已經是世界著名的互聯網公司，微信、支付寶的移動支付更得到「噴井式」的發展。未來在共享經濟、新零售的商業模式下，將會誕生更多的獨角獸公司。在各行各業中，我看好「民以食為天」的餐飲市場，透過線上線下的融合，提煉出數據應用，一方面利用數據做精準行銷，為門市據點帶來更多的客流量；另一方面則為門市未來擴張和銀行做數據融資合作。

　　5億多年前的寒武紀，三葉蟲最先長出眼睛，開始看清楚四周環境，才能避開敵人、獲取食物，開創生物新物種時代。而大數據將會是企業的眼睛，讓人洞悉未來，避開競爭者，規劃藍海，成為經濟新物種。期待我們的餐飲大數據，能夠協助業者成為餐飲新物種！

眼界有多寬 世界有多大

補教培訓達人／EET國際教育執行長

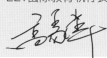

眼界有多寬，世界有多大！在上海只有一條地鐵路線、還在「寧要浦西一張床，不要浦東一套房」的時候，我就已經踏上這塊土地了；經過了近20個年頭，把人生最重要的年輕時光都貢獻給上海了，當時懷抱著可以看到上海高速開發成長的黃金歷程，現在回頭再看，覺得當初的選擇是對的！凡走過必留下痕跡，而一路以來經歷過的酸甜苦辣，如人飲水，冷暖自知。

1998年，到上海的時候，是負責建立培訓學校，雖然是項目負責人，但還是大家所謂的「台幹」，那時台灣朋友很少，從浦東出門去浦西，不是靠著出租車（計程車）就是公交車（公車），當時以為公車站牌寫著「隧道線」就是會經過延安隧道，有一次，坐上公車，坐了1個多小時，結果竟然經過的是像鄉下的一個小隧道（打浦隧道），像這樣因為人生地不熟的情形，也鬧出了不少笑話。

早期來中國大陸的時候，沒有像現在有微信可以方便聯絡，台灣朋友們靠著偶爾的聚會，相互打氣、鼓勵支持，一路從台幹變為台商，一直努力至今，建立了革命情感；也因為這樣，我們這些好朋友才想一起來分享大家的故事，也許說的都是賣屋、籌錢的故事，也許有的分享了失敗的例子，但這些故事都是希望給台灣年輕朋友們一些正面思考的力量，希望給想來或是對大陸不了解的朋友們，可以透過這本書有些感受，甚至有些收穫。

在此也非常感謝許多好朋友給予的支持與鼓勵，讓我們有這個機會寫下經驗分享，其中最要感謝東南旅行社的總經理林玉珍，她也是實踐校友會會長，邀請我參與幾次台協的志工活動，提供台灣青年到大陸實習和就業的大型徵才博覽會，更要感謝內人Macoto的協助，從書籍的籌劃到書籍順利出刊的過程中，不停地聯絡、整合這些好朋友，再次感謝！

CONTENTS
目錄

CONTENTS
目錄

第二篇
上海 A 夢

第一篇

口袋達人

陳建志
快時尚供應鏈達人／
傳梭智造快反供應鏈執行長

詹宗賢
兒童藝術美學達人／
Otto2 藝術文創集團總經理

邱野（述璿）
背景音樂規劃達人／
金革音樂（上海）總經理

曾瑩玥
商場文創規劃設計達人／
荔堡企業管理顧問執行長

何謂「達人」？指的是在自己的領域中深耕多年並具備專業性。本篇集結了 8 位不同專業領域的達人，期望透過他們的故事分享，不但可一窺其口袋裡異地求生與長期發展的法寶，並且從中找到自己前進的力量，創造無可取代的優勢！

石明玉
兒童醫療守護達人／
聖瑞醫療總經理

洪束華
咖啡餐飲達人／
瑪利歐咖啡總經理

鄭俊彥
餐飲科技數據達人／
國兆電子總經理

高家偉
補教培訓達人／
EET 國際教育執行長

預見未來

打造服裝時尚新模式的先行者

快時尚供應鏈達人／傳梭智造快反供應鏈執行長

陳建志

～能跳得更高，是因為你願意放空，蹲得更低！

「傳梭智造快反供應鏈 S2b 平台」是具備快時尚供應鏈專業的亨謙顧問團隊在 2016 年所孵化出來的，目前在產業界成為了被學習的「類 ZARA 大閉環快反模式」；這個平台不僅能滿足服裝品牌商對「去庫存、以銷定產」的需求，還能有效縮短服裝生產週期，讓原本需要至少 6 個月的生產週期大幅縮短成 1 個月，完美解決了客戶長期困擾的庫存過多、資金積壓等問題。

　　傳梭智造快反供應鏈執行長陳建志於 2007 年設立了上海亨謙實業發展有限公司，專注於紡織服裝領域上下游供應鏈改造，為服裝行業提供電商管理、供應鏈管理諮詢輔導；經營團隊擁有多年紡織行業供應鏈管理諮詢經驗，對服裝行業痛點有深刻理解，旗下擁有諮詢輔導品牌「時尚電堂」、「雙淘電堂」。2017 年，傳梭智造執行長陳建志帶領團隊打通了零售端，進一步與服裝品牌門店緊密合作，同時結合品牌門店的智能數據，做到時時回饋消費者的需求，以達成「賣一補一」的完美目標，成為中國第一家服裝快反模式的領航者，亦成為曾被阿里巴巴與騰訊微信同時聘為顧問的傳奇人物！

　　「我是被你囚禁的鳥，已經忘了天有多高……。」唱完了大眾耳熟能詳的K歌「囚鳥」，看了看手錶，凌晨2點，我們幾個人離開了今晚的第3攤應酬，每一個夜晚都會在晚餐與續攤中認識很多人，前輩們教過：「做生意要先做人」，所以，在這個陌生的上海，我很認真地認識很多人！拿著酒杯的手換著名片與紅酒，期待杯觥交錯間，能有些許意外的收穫；看似歡樂般折騰了一夜，大家終於各自回家。

　　在空曠的仙霞路上，我餓了，走進標榜台灣原味的清粥小菜店，彷彿是回到台北復興南路的感覺，點了鹹鴨蛋跟菜脯蛋，配上一碗清粥，這麼冷的冬夜還能喝到熱騰騰的粥，很是感恩。吃下第一口菜脯蛋，舀起一匙清粥入口，忽然發現粥是鹹的，這情節發展出乎自己的意料，原來，想家的眼淚竟然隨著有著媽媽味道的菜脯蛋而不自覺地滑落，掉入原本平淡無味的粥裡，剎時萬般情緒湧現……。想起異地創業的初衷，一直不變，但為何會在這個冬夜的上海街頭熱淚盈眶呢？是單純想家？還是筋疲力盡而想家？是工作事業順利想家？還是遇見發展的困頓而想家？

　　想家，不一定想回家。

　　因為，中國大陸擁有全世界最大的內需市場，正由中國便宜製造轉型為中國超級市場，來這裡，沒有對錯，只有輸贏。

◇汗水雨水分不清

回想20多年前，退伍後的第一份工作是進口軟體銷售工程師，這是一家外資企業。在第1年的菜鳥時期，我的銷售成績是台灣分公司與香港總部同期員工中的第1名，也因而獲得高額業務獎金。由於那時總部提供優秀員工認股的機會，尚對股票懵懵懂懂的我，只因對公司產品深具信心，所以就用獎金認股，就這樣成為這家公司的股東之一，也開始學習怎麼做老闆。接下來的幾年，因為台灣傳統產業積極探索產業升級，紡織服裝是最典型的產業之一，許多客戶開始購置自動化軟、硬體，公司所代理進口的系統更連續好幾年獲得同類產品在台銷售冠軍。

如今回想起那段時光，點滴在心頭，業務工作是看得見努力的績效，卻同時有著道不盡的辛酸，經常騎著摩托車，頂著驕陽、風雨，不停地在工業區的各大紡織服裝廠走街串巷，一整天下來，早已分不清滴在身上的，是汗水、還是雨水了。但，不過，也唯有苦過，才是自己的！

◇為客戶前進中國大陸　長期派駐上海

大約在 1995 年，勞力密集而利潤相對較低的台灣紡織產業已成為夕陽工業，原本紡織服裝工廠生產線上的工人也因為半導體產業的崛起，選擇至薪資較高的半導體晶圓廠生產線當作業員。於是，我的服裝企業客戶們面對紡織工業在成本增加且不易找到工人

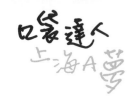
的情況下，陸續離開了台灣，並且前進中國大陸，尋找更合適的勞動生產力。由於紡織產業供應鏈的中、下游業者逐漸移往中國大陸「珠三角地區」，我們也隨著潮流趨勢，開始跟著上游的原物料供應商轉移，以便就近服務客戶，快速反應，處理事務。

不過，雖然中國大陸有著充沛廉價的人力資源，但優秀人才多半在外商企業。在這樣的時空背景下，加上兩岸文化的差異，很多在中國大陸的台商只願相信台灣團隊，所以堅持我方產品售後服務必須是從台灣派過去的團隊。為了滿足客戶需求，剛開始我們的做法是頻繁往返兩岸，但長期下來，發覺如此一來成本過高，於是在進一步分析多種方案優、缺點後，決定成立中國大陸辦事處，並派遣台幹輪流駐守。

就這樣，身為副總的我和總經理兩人開始每月輪流常駐中國大陸，原以為這是可行之道，但後來卻發現這樣的做法其實是有問題的，因為台幹「輪流」會讓當地的員工很難適應主管的作風，因為台幹主管工作節奏的不同，每隔1個月都得重新調整心態，導致基層員工無法適應，且許多重要工作的執行效率和工作品質皆難以提升；更嚴重的是，重要客戶會因為主管輪流而忽略跟進，甚至失去了掌握關鍵時刻的機會。

最後，公司決定派出一位台幹長駐中國大陸分公司，而那個人選，就是我！當時，家中最大的孩子才上幼稚園大班，雖然不捨稚兒親情，但也只能聽命前往赴任。

　　然而，這起台幹輪流的經驗，也讓我深刻體會出「專人」的重要性，亦即「想在中國大陸發展，必須投入專人負責」，而歷經多年的實戰體驗之後，更明白「專人、專業、專心」是創業者應該具備什麼特質和能力。

◇成立揚格科技　從經驗中學習成長

　　而由於90年代後期，越來越多台商客戶前進中國大陸，公司董事會於是決定在上海正式成立公司，以便就近服務客戶。於是，1998年，揚格科技公司成立了，當時的主要業務是幫客戶研發MIS/POS系統。

　　在揚格科技草創時期，公司只有8人。當時由於人不生、地不熟，很多事情在初期都深感舉步維艱，同時吃了好多悶虧，舉凡商業合約內容、發票開立……等等大小事務皆須符合當地法規要求，而這都是得從頭學習的經驗，亦讓我深刻體會在地人脈的重要性。

　　由於沒有在地的人脈，很多事在緊急時刻缺乏高人指點，因而做起事來，諸事不易。「沒有人，就沒有關係；沒有關係，做事就容易變成硬碰硬。好的關係會成為做事的墊腳石，而壞的關係卻會成為做事的絆腳石」，現實生活的經驗凸顯出人脈的價值，後來，我逐漸以自己的風格和方式建立起在地的人脈，也慢慢了解文化的差異，以及當地做事的道理，方才邁步跨越原先位於前方的各項在地障礙，大幅融入在地生活與文化，公司的營運和業務的拓展亦日

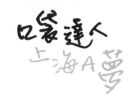

益平順，並隨著業務需求而不斷地擴編組織，公司人數也一路成長到60人，並在服裝品牌公司客戶心中建立起良好的口碑。

◇SARS 風暴　重創服裝產業

然而，就在公司業務推展順利之際，一場突來的 SARS（嚴重急性呼吸道症候群）風暴，不僅重創中國大陸服裝百貨業者，更是差點讓公司陣亡。2003年，由於SARS疫情肆虐中國大陸各省，為了抑制疫情不再擴大，各地政府開始對公共空間進行嚴厲的安全衛生管制，從一開始的全面禁制進入，到局部禁止進入，再到局部特定時間禁制進入，或許站在公共衛生與疫情防治的立場，這絕對是良好政策，然而，卻造成眾多服裝百貨業者損失慘重，因為受到管控的公共空間缺乏人潮，沒有人潮，就沒有錢潮，不僅門市營銷狀況慘兮兮，很多原先當季服飾因而被迫成為過季商品，庫存成了服飾業者的共同問題，因此，如何消化庫存也成了眾多業者的夢魘！

由於SARS 風暴造成業績嚴重衰退，幾乎每家服裝品牌公司都為此進行裁員和減薪，甚至減產應對，而當下游的服飾業者面臨如此險峻的銷售問題考驗，很快地，在上游的供應商也跟著受到波及，例如：應收帳款成為呆帳、客戶大量抽單、營收嚴重衰退，最後，很多業者被迫跟著裁員減薪，甚至將辦公室分租給別人，以求能在 SARS 風暴下倖存！

我還記得在 2003 年的農曆過年後，客戶遇見我所說的第一句

話，並非往昔常問的：「你們能幫我們開發新的軟體功能嗎？」取而代之的問題是：「你們公司有裁員減薪嗎？」、「你覺得怎麼應對比較妥當？」對於客戶這些題問，不禁感觸良多，因為之後我亦深受其害，只是在那個當下，還沒有預見接下來的幾個月，公司營收會持續嚴重衰退，迫使我也得斷腕求生！

◇淮海路的雨水　雪夜裡的貴人

幾個月之後，在2003年「五一長假」的前一個夜晚，我剛剪完頭髮，獨自漫步在淮海路上，天空正飄著細雨，我望著前面的淮海路，不禁悲從中來。原本該是車水馬龍的街道，此刻竟然變得如此寂靜，人潮、車潮都跑到哪裡去了呢？唉！沒想到一個 SARS 就把整個產業、整個公司搞成這樣子，這種無力回天的感覺，內心真是鬱卒！因為在那一天的白天裡，我才忍痛將公司1/2的面積租給了別人，現實狀況使我做了不得已的決定——這個 SARS 害慘了許多服裝產業同行，也重創了許多上游供應商，公司唯有裁員一半人數，才能在 SARS 中活下去！

望著寂寥的淮海路街景，細雨無情地落下，我獨自傾洩內心的鬱悶，已經分不清打在臉上的是雨水？還是淚水？沒有預料到公司每月營收竟連續3個月都比去年同期衰減80%以上！造成公司現金流十分吃緊，而且還有許多應收帳款收不回來，資金一下子運轉不過來，只得裁員！

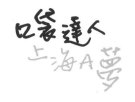

在裁員的前兩個月，我仍然努力開發客戶，希望能夠簽進新案，解除公司財務窘況，但在大環境的影響下，已經沒有任何新客戶了，面對困境，公司甚至連薪水都發不出。

時值寒冬的下雪天，我卻急得像熱鍋上的螞蟻，緊急撥打電話給一位大股東，他聽完我短促的說明後，表示身上也沒有多餘的款項可先借貸給我；彼此沉默了半晌，他開口道：「我可以將那些原本要發給外銷工廠工人的薪資先借給你應急，自己再另外想辦法籌錢。」聽到這句話，我的內心溢滿感動，員工的薪水有著落了！公司可以繼續撐下去了！如果沒有這位貴人伸手援助，公司員工未能

▲相由心生，自信自在。

及時領到薪資，對裁員後的團隊信心自是一大打擊，對公司爾後的存續與發展更是不堪想像！於是，我在下雪的深夜裡，連夜驅車趕往大股東的住處，載著他一同到工廠打開保險櫃，拿出美金，隔天趕緊至銀行兌換發薪，暫時度過難關。多年來，我仍然經常回想這「雪中送炭知真情」的場景，滿懷感恩。

事後檢討，若是我能提早進行裁員減薪的停損動作，手上的資金也不至於幾近燒光，衍生差點發不出薪水的危機，讓自己深陷如此狼狽的情形，同時喪失了迎接後續挑戰的籌碼。幸好，最後幸運地遇到貴人，有驚無險地解除了公司瓦解的關鍵危機。

▲接受 CHIC 展「中國網」主題採訪。

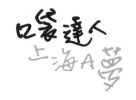

◆創立亨謙實業 滿足需求

2007 年，隨著服裝 ERP 軟體公司業務的穩定成長，我深入關注服裝產業新發展，發現業者有3個與時俱進的需求——電商發展、管理提升，以及供應鏈優化；因此，決定創立管理顧問公司，以解決這些業者的管理痛點，並且滿足他們的實際需求。就這樣，亨謙實業公司誕生了，其公司主要業務有兩大部分——第一部分是管理顧問：專注於服裝領域的上下游供應鏈改造，並為紡織行業供應鏈業者提供電商管理、供應鏈管理諮詢輔導，同時為客戶提供客製化的服裝供應鏈流程再造解決方案；第二部分則是整合長期以來的國際貿易資源：為外國客戶尋找中國大陸優勢的服裝生產資源，進行多邊貿易與落實供應鏈優化成果。

亨謙實業成立後，為紡織行業供應鏈業者提供出色的管理諮詢輔導，而扎實的實務經驗與專業能力，也頗獲業界好評。至於服裝設計量產方面，亦頗有建樹，款式設計深獲業者和大眾喜愛，屢創佳績。

◆「IOC（I Love Chains）我愛亨謙」運動

我相信，「有好的辦公室文化，才能有好的工作效能和源源不斷的創意」。創業多年來，亦不斷地思考「如何找到對的員工、如何讓對的員工變得更好、如何讓公司的產品更有創見、如何讓公司的團隊執行力變得更好」，最後，我在公司發起「IOC 運動」。

什麼是「IOC運動」呢？意即「I Love Chains，我愛亨謙」，就是設法建立一群「認同亨謙願景、熱愛亨謙使命與文化的人才」的深度情誼，也就是讓亨謙這個大家庭的每一份子了解到「亨謙所做的每一分用心和驚奇」，公司的領導者、管理者，發自內心主動關心每一位員工的感受，適時地給予關懷和鼓勵，並讓部屬在工作中不斷地成長，同時享受克服挑戰後的成就感，認同是為了自己打工，每分、每秒都是為自己負責，增進部屬對亨謙的歸屬感，並以身為亨謙的一份子為榮。

「IOC運動」承辦人，每月則會舉辦一系列溫馨有趣的活動來讓大家同樂，並配合七夕情人節、端午節、中秋節……等等重要節日，而是讓全公司的人聚在一起，就像家人般在每個節日聚餐、送禮，彼此分享。

我期待每位亨謙人能夠藉由「IOC 活動」在工作時能享受克服挑戰後的成就感，在交流時也能夠真心敞開，全公司沐浴在和樂融洽的氛圍，並且不斷提升自我、創造價值。

◆金融風暴來襲 重新調整腳步

然而，就在亨謙和揚格的營運漸入佳境之際，一個全球性的金融風暴卻悄然來襲，不僅波及中國大陸的整體經濟，也重創許多企業，一旦體質不夠強健、危機應變不夠迅速，便挺不過金融風暴，遭逢倒閉的命運。

在2008～2010年期間，金融風暴使得整個大環境變得險峻且情況未明，所以投資者和金融體系全都採取保守措施，深怕一個錯誤決定，就損失慘重，因此，企業要向銀行或投資者融資都顯得困難重重；很不幸地，我亦在這場金融風暴中，遭遇到新公司成立以來最大的資金危機！

在全球景氣甚差之際，國外客戶連續3個月抽單，導致公司產生100萬美元以上的營收缺口，加上許多應收帳款遲未收到，再度面臨風雨飄搖的險境，雖然最後仍舊度過難關，但這樣的際遇，也讓我警覺到自己所創辦的公司仍有諸多不足之處，並痛定思痛，正

▲陳建志（前排中）擔任實踐大學境外實習指導老師。

視自己的缺失。

　　我因而醒悟到──之前在公司所扮演的角色，一直是身兼領導者與管理者的角色，既要擘劃公司未來走向，帶領員工向前衝，又是什麼都要管、什麼都想做，自以為如此可以面面俱到，但這樣的做法卻是不智之舉！因為一個人再厲害，也不可能「在抬頭看清行進的方向之際，同時又能低頭努力拉車」；換言之，就該讓領導者做好領導者該做的事、管理者做好管理者該做的事才對！當組織規模大到一定程度時，組織架構務必明確分工、充分授權，上下做好溝通，齊心齊力，輔以合適的稽核機制，這樣才能有效提升團隊的執行力！

▲陳建志（右一）接待實踐大學校友至公司指導與參訪。

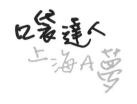

◇金融風暴後的轉折點：專注1釐米 做深1公里

在全球金融風暴重創各個產業後，為了生存，公司也採取了許多變革措施，我們重新調整顧問業務與產品發展方向，將精簡後的人力和資源聚焦在更能創造高價值的商品與服務上。於是，亨謙將公司的火力集中在管理顧問這塊業務上，「專注1釐米，做深1公里」，在艱辛的時期，仍然奮戰向前，努力而完善地解決客戶的問題，深耕有信心的專業領域。

由於策略明確、專業領先，亨謙的管理顧問業務越做越好，2010年底，紡織行業供應鏈的業者已開始復甦，我們陸續接獲許多訂單；到了 2017 年，亨謙所輔導培訓過的服裝企業更是已經超過1,000家。

而隨著中國大陸互聯網應用的推陳出新， BAT三大巨頭露出 —— 百度（Baidu）在網絡搜索的所向無敵、阿里巴巴（Alibaba）在線上銷售天貓與淘寶的表現出色、騰訊（Tencent）在社交與遊戲的領導地位，而我們也開始幫助服裝供應鏈裡的各種角色業者參與互聯網的發展，並逐漸引起三大巨頭的重視；於是，2013年，阿里巴巴邀請亨謙顧問團隊協助他們進行服裝B2B垂直電商平台的建置與規劃；同年，騰訊微信也開始與亨謙合作，我們協助微信與多家頂級品牌，開始了全渠道O2O的推動；而我自己也開始在淘寶大學、阿里巴巴商學院授課，分享供應鏈整合經驗與輔導學員企業成長。

預見未來
打造服裝時尚新模式的先行者

◆累積大量輔導經驗 徹底解決業者痛點

　　憑著多年來累積大量的紡織行業供應鏈輔導與整合經驗，我們深刻了解服裝業者的痛點。2016年3月，亨謙的顧問團隊孵化出「傳梭智造快反供應鏈S2b平台」，這個平台不僅能滿足服裝品牌商對「去庫存、以銷定產」的需求，還能大幅縮短服裝生產週期，讓原本6個月的生產週期縮短成1個月，有效解決了客戶的痛點，並能滿足它們的需求。

　　服裝業者面臨最大的困難就是——庫存，無法做到「賣一補一」的快速反應模式主要原因有兩點——面料和工廠。傳統服裝行業提前 6～12 個月製作商品企劃、安排工廠產能，此開發全靠預測並無法即時反映市場消費者需求，而且首單訂貨量就要5,000 件至上萬件，如此一來，品牌商銷量不佳的款式成了庫存，銷售得好的爆款也無法迅速翻單，且「1件庫存=3件衣服的利潤」，結果導致服裝業者一片關店潮！

　　為什麼一開始要訂製這麼多件衣服呢？不能夠小批量、多批次訂製嗎？難！因為面料是一次性生產，並且在沒有付定金的情況下不會預留，於是品牌商都被要求要生產一批面料就得必須全部消化掉，等到爆款要翻單時，也沒有面料了，且已經過了重新生產季節的階段，工廠也不可能依照單獨需求而隨時插單；所以，爆款翻不了單，眼看著有錢賺不到、庫存商品年終打折、歲末出清……這些都是服裝品牌商的痛啊！

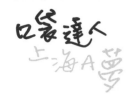

◇「傳梭智造快反供應鏈 B2b 平台」滿足需求

所以，當西班牙服裝「ZARA」創新、快速的營銷物流模式出現，立即成為眾人爭相學習的快時尚標杆！「傳梭智造快反供應鏈 B2b 平台」也在產業趨勢下應運而生！

「傳梭智造快反供應鏈 B2b 平台」可以做到三大功能：一、首單300 件、30 天內交貨；二、翻單7～14 天，陸續出貨；三、結合智慧門店大數據資料，提供翻單預測、下一季度流行款式。平台結合了面料、設計和產能三個互聯，並以面料為源頭，篩選有5,000 米以上的現貨面料／白胚布，每月製作出快反面料冊，並與加盟設計師合作開發，每月保持300～500款樣衣上新平台，同時提供品牌商每月看款、下單。

▲陳建志經常發表產業供應鏈變革演講。

▲▶主持阿里巴巴快時尚高峰論壇。

▲出席產業最高級別大會，受邀進行專家演講。

▲「傳梭智造創力營研習」活動。

▲同在一家公司就是一家人,大夥兒擁有近 20 年的感情。

平台與面料廠合作，從系統上對接白胚布庫存資料，如此一來，翻單就不怕沒有面料；而工廠則是跟亨謙資源交換，亨謙改造工廠產能不收諮詢費，但此工廠改造的那條線只能做傳梭的訂單（包線協定），形成了傳梭快反包線虛擬車間，並以可視化系統隨時掌握服裝工廠進程，完成7～14天翻單的需求。

2017年，「傳梭智造快反供應鏈 S2b 平台」更打通了零售端，進一步與服裝品牌門店合作，並結合了品牌門店的智能數據，搜集消費者售前資料，分析准爆款及區域性風格、廓形，推薦下一季度上新款式，做到時時回饋消費者的需求，讓品牌商零庫存、共贏利，達成「賣一補一」的完美目標，成為中國第一家服裝快時尚快反模式的先行者！

◆掌握年輕優勢 趁機脫穎而出

面對中國大陸這個全球最大的內需市場，我建議年輕人可以前來拓展職

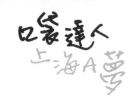

涯。通常年輕人要離開從小生長的舒適圈到異鄉工作，最有可能會遇到的問題——語言與資金，但到中國大陸，這兩個大問題都會變得相對地小，一來語言溝通不是問題，二來打工或創業都可以從基礎做起，如此可以開闊視野、體驗不一樣的日常，都能讓年輕人累積相當不錯的經歷。

個人認為年輕人可來中國大陸嘗試有三大理由——一、開闊視野：發現生活更方便、移動智慧生活（出門不帶現金）；二、內需市場：大到足夠磨練你，激發你超乎想像的潛力；三、沒有損失：年輕是最大的本錢，這也是最重要的一點。

在中國大陸，出門都不帶錢包、上下班順路載人還可以賺錢、午餐只要打開APP就有上千家餐廳可以選擇，彈指之間，食物直接送上門……等等，智慧手機應用進步程度超乎你的想像！年輕人只要抱持著好奇、勇於嘗試的想法，不要有太多的刻板印象，「反正都來了」，就多跟當地人交流，將會學到更多，來1個月有1個月的收穫，來1年又有不一樣的感受！

不過，在中國大陸這個「適者生存、不適者淘汰」的大環境裡，年輕人想要賺更多錢，就要比別人更具野心和競爭力、更敢嘗試新鮮事物，也更不畏懼失敗，方能擁有試錯的本錢，努力、負責，以及人脈、經驗。

社會歷練不豐的年輕人，對於「未來」這兩個字若是還很模糊，不妨給自己1年的時間到中國大陸和同齡的年輕人共事，看看

◀主辦捷安特贊助實踐校友會活動。

◀▶戈壁沙漠 88 公里的
　　步行體驗活動。

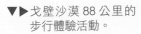

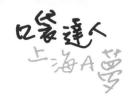
他們是如何願意月領人民幣3,000元，還每天加班到晚上10點，因為他們知道，在這個競爭的環境，只有努力才會有機會，不努力連機會都沒有！

中國大陸的市場大、機會無限，在這裡，年輕人若是可以發揮潛能，會發現自己比想像中更厲害！要離開舒適圈，不容易；要在眾人之中脫穎而出，也不容易；但你若不給自己機會，怎麼會知道「To do」的結果是什麼？更何況是「Not to do」！

達人箴言

建議年輕人必須來中國大陸嘗試的三大理由——

1. 開闊視野：發現生活更方便、移動智慧生活（出門不帶現金）。

2. 內需市場：大到足夠磨練你，激發你超乎想像的潛力。

3. 沒有損失：年輕是最大的本錢，這也是最重要的一點。

快時尚供應鏈達人

傳梭智造快反供應鏈執行長　陳建志

❖ **中國經驗**：22 年（台幹 3 年＋台商 19 年）。

❖ **專業強項**：服裝快反模式供應鏈 S2b 平台。

❖ **座右銘**：能跳得更高，是因為願意放空、蹲得更低！

❖ **企業的標語**：專人、專業、專心。

❖ **達人能提供什麼服務？**

1. 為服裝品牌提供內部管理、供應鏈管理諮詢等輔導。

2. 為服裝工廠提供流程再造、產能提升、精益生產、小包流水等改造輔導。

3. 為服裝品牌提供快反供應鏈體系，達到降庫存、以銷定產。

4. 提供各大學產學合作，包括招聘宣傳、互聯網課程、電商課程、O2O 等。

5. 提供新人實習到轉正式一條龍培養的計畫。

6. 提供年輕人對中國大陸就業／創業問題免費諮詢。

　　歡迎對公司內部管理流程梳理、服裝工廠產能再造諮詢、庫存過多的傳統品牌商、服裝選款、大貨生產等有要求的客戶（品牌商）聯繫我們：service@chainsinn.com。

放大格局

給孩子創意未來的夢想家

兒童藝術美學達人／Otto2藝術文創集團總經理

～經營者，就是要能創造成果的人！

Otto2 藝術文創集團於 2000 年由詹秀葳女士創立，2002 年，總經理詹宗賢和董事長詹秀葳共同打造與推廣「Otto2 藝術美學」這個品牌，初期以大學推廣教育專案為主要營運項目，也因此對教育訓練產生興趣與熱忱，希望成為未來終身志業；而基於對孩子的愛，2006 年正式成立「Otto2 藝術美學會館」，推動幼兒美學教育，自成立以來，已陪伴無數的孩子一起成長，也帶給孩子們充滿自信的未來，並在 2010 年前進中國發展，成為大中華地區頗富盛名的兒童藝術美學教育品牌。透過美力的學習與創意的玩法，Otto2 不僅能啟發孩子的美學天賦，還能讓孩子們一起玩出競爭力，並讓孩子在快樂的學習過程裡學會了欣賞別人，同時有勇氣表達自己的想法，並進一步發揮自己的創造力。

　　身為兩岸藝術美學的領導品牌，Otto2 的教學特色就是「教室就是全世界」，它透過一系列創意又好玩的課程設計，循序漸進地激發孩子們參與和探索的慾望，進而讓孩子萌發無限的想像與感受力，接著讓孩子運用不同的素材來將自己的美感體驗用自己的方式來呈現，最後，進一步引導 孩子表達自己的看法並自信地分享，同時讓更多人參與這個再創造的歷程。

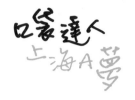
　　曾經夢想開辦一間「人文藝術森林小學」，一切都只是為了寶貝女兒，想像著她徜徉在森林裡、嬉遊在田野間，學學泰山的聲音、學學農夫耕種，開心快樂、自由自在地，不因課業而憂愁煩惱，隨時洋溢著燦爛的笑容，這是一位爸爸的白日夢，源自於對女兒的愛，雖然夢想直到現在還沒完全實現，但從未消失過，也因此孕育了Ott2兒童藝術美學，期待讓更多人認同、感染我快樂的夢想氛圍！

◇人生劇本沒有永遠的計畫A

　　由於從小家中經商，所以我們這些生意囝仔，在耳濡目染之下，很早被訓練出一套銷售SOP：要懂得銷售商品、電話鈴響要趕緊接起，不可讓客戶等太久、商品不懂介紹不要亂說，留下顧客電話等父母返家再回覆……等等，逐漸摸索與累積做生意的竅門。12歲，國小六年級時，我便升格為「賣魚的總經理」，和哥哥兩人在人潮洶湧的夜市擺上撈魚的攤位，1支網子1塊錢，對著熙攘往來的人群吆喝做生意，不過，僅做了3個月就收攤，因為我將魚兒幾乎都養死啦！沒有了生財工具，生意當然無以為繼！個人首度創業，就這麼短暫地畫下句點，但創業的幼苗卻已在心底悄悄滋長了。

　　高中時，我雖然就讀雲嘉地區首屈一指的嘉義高中，卻是師長眼中叛逆的學生，大學聯考自然名落孫山。於是，暫時放棄了升學，請木工師傅組裝了一台泡沫紅茶車，從嘉義拖上台北的南陽街，賣起了珍珠奶茶；那時候，台北賣珍珠奶茶的地方只此一家，

那時彷彿自己就是南陽街「珍珠王子」一樣，攤位門庭若市，往往不到中午，所有產品幾乎都賣得精光，人生的第二次創業看似成功，可是，最後仍舊再度步上收攤的命運！

為何生意興隆，還是得結束營業呢？原因是當時尚未服兵役，所以一接到兵單，就得乖乖入伍，一切重新歸零。礙於現實忍痛割愛，頂讓掉泡沫紅茶攤，聽說後來接手的幸運兒至少靠此賺到了3棟房子呢！

就這樣，我的人生劇本A計畫總是被計畫B所取代，創業一直無法邁向成功，但先前萌發的幼苗已逐漸長成茁壯，於是，在17年前的一場家庭聚會中，我再次做了創業的決定。

◆改寫人生劇本　為所愛再度創業

那時，我的人生劇本角色是一位優秀的上班族。我在當完兵後重拾書本上大學，畢業後旋即成為上班族，甫到公司上班兩年的產業新兵，屢獲長官讚賞，考績總是特優，不斷升職加薪，前途一片看好；然而，才出生不久的女兒卻讓我決定為她改變現狀，重新燃起創業的勇氣和動力。

計畫永遠趕不上變化，人生劇本沒有理所當然，只能順勢而為，讓自己享受酸甜苦辣各種滋味，因為做決策的永遠是自己，我亦坦然接受「30而立」這件事，選擇了人生腳本的計畫B，著手創業。到現在，在這條路上，我已經堅持了17年，一切只為了給孩子

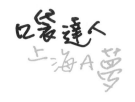

更美好的生活！

　　創業其實是件辛苦的事，沒有想像的那麼完美，但回想起這17年來的點滴，如果時間重新來過，我還是放棄上班族職涯的計畫A選擇自行創業的計畫B，因為實在是太精采、也太好玩了！從不懂到懂、從有錢到沒錢、從買房子到賣房子，從台灣到大陸、從不玩美到玩美、從……，如果不走上這一條路，真的錯過精采人生！突破框架追求夢想，勇敢做自己，努力去追夢，嘗試過了，無論結果如何，人生都不會有遺憾。

　　這次創業已經是30歲了，那時候公司第一個專案是某大學的推廣教育委外經營合作案。那間大學位處交通偏遠的山區，又缺乏響亮的知名度，但在我們姊弟聯手經營下，打造出推廣教育前3名的佳績；接著，我們成立了台中、台北推廣教育中心，讓學校擁有3個據點，以方便學生上課，然後邀請學校系所的所長代表開課，增加眾人對於名牌老師的期待效果；再來，我們讓推廣教育中心的學員可以先修學分再抵扣，在那個大學錄取率只有30％的年代，能夠唸到大學已經不容易，遑論就讀碩士，如此做法滿足了學員的碩士夢，許多來自各地的企業高管與軍警單位高階主管都前來圓夢，推廣教育中心也因而打響了名號，並獲得各方讚譽。

◆「Otto2藝術美學」誕生　一切都是為了孩子

　　正當創業步上坦途，感到意氣風發、入列人生勝利組之際，我

和姊姊同時面臨到了自己的孩子學習狀況不理想的問題，這讓在大學研發課程成果卓越的我們無法接受！我的姪子在小學3年級因為學習不快樂，曾一度嚷著想要自殺，我的女兒因為即將上小學而顯得焦慮不安，孩子面對學校教育的種種反應，都讓我們省思現行國民基礎教育制度是否合宜？分數是否成為評量孩子唯一的標準？

看著唯一的寶貝女兒、前世情人，我好想要她幸福、美滿、快樂地過生活，所以，就這樣，我們成立了兒童教育研究中心，結合國內知名教授共同探討什麼樣的學習方式是小朋友需要的？什麼樣的上課方式是可以讓小朋友開心的？甚麼樣的課程對於未來人格發

▲ 2017 年，「Otto2 希望小象創客嘉年華」活動參與夥伴。

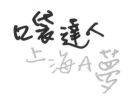

展是重要的？而在討論的過程中，我們發現，為什麼小朋友喜愛觀看電視節目的哥哥、姊姊，卻不願意進補習班和老師互動？因為電視裡的哥哥、姊姊親切沒有距離，但坊間補習班老師的態度卻總是高高在上。

因此，我們發揮專長，以昔日大學推廣教育的工作經驗和成就，來推動兒童教育事業，放大格局和視野，開始設計有別於坊間補習班的兒童教育，將說故事的引導方式，成為我們兒童教育研究中心的宗旨，以快樂學習為指導方向去規劃課程，讓孩子的童年可以不再是數學、英文，如同我的白日夢一樣，給孩子像森林小學般快樂的學習空間，於是，就在反覆探討實驗後，終於生出了全新品

▲ Otto2 藝術美學期帶給孩子創意自信的未來。

牌──「Otto2藝術美學」，期待給孩子創意自信的未來。

◆大象和馬桶傻傻分不清楚 品牌路迢迢

「Otto2，您好！歡迎光臨！」這是我們的問候語。全新品牌「Otto2藝術館」以兒童的美學教育為核心，提供系統化且長期的教學課程，給孩子創意自信的未來為理念，強調教育不只是分數與評量，而應該讓孩子盡情發揮創意，展現天馬行空的美學創作。

在那個傳統畫畫班美術課充斥、流行拜師學藝的年代，我們顛覆了傳統美術教育，強調生活美學，認為美是最自然、最幸福的感動，美也許是一首詩或一幅畫，甚至一個熱情的擁抱，都能感受美

▲ Otto2 藝術館開業，提供孩子快樂學習的空間。

的存在，孩子從小就擁有一本「美感存摺」，隨著年齡逐漸累積，無論未來從事各行各業，美感創造力都不會消失，甚至取之不盡、用之不竭。

遊戲、體驗、探索是Otto2藝術館的課程特色，我們要求老師每堂課像電視裡的哥哥、姊姊一樣用遊戲、說故事方式，用前衛的最新教學方式，讓上課的孩子更願意且自然地投入學習。

可是，有情懷、有創意，「Otto2藝術美學」卻沒人認識，初期我們常常在做一件事，就是——拿大象跟馬桶來比較！因為Otto2藝術美學會館並非眾所皆知、耳熟能詳的兒童美術中心，品牌發音又和某知名馬桶品牌雷同，導致很多人經常大象、馬桶傻傻分不清楚，甚至有時還會接到令人啼笑皆非的電話：「請問你們是買馬桶的嗎？」、「你們是私人會所嗎？」、「做一次Spa要多少錢？」……，每每遭逢這樣的窘境，僅能耐著性子解釋說明，讓大家逐漸認識、了解「Otto2」。

品牌建立真的大不易，除了需要錢，也需要時間，因此，「跟錢賽跑」這件事就成為每月的SOP，我由「人生勝利組」開始變成「5號籌錢組」（每月5號都要籌錢發薪、繳款），買了房子，也賣了房子，又買了房子，再賣了房子，竭盡所能，就是要將品牌建立起來！

「天下無難事，只怕有心人」，凡事只要有心，都可以找到解決的方法，於是，我們把Otto2開進百貨公司，廣設「Otto2美學館」，課程內容新穎有趣且更新快速，在百貨商場大量的流動人

▲ Otto2 藝術美學在上海舉辦尾牙活動，以「行行出狀元」為主題。

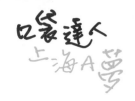
潮中，吸引不少親子駐足並加入會員，短短3年設立了30多家美學館，全台累積了至少3萬個會員，「Otto2」品牌名氣逐漸響亮，我們不僅脫離了「5號籌錢組」的行列，也積極佈局前進中國大陸美學市場。

◇美學教育 VS. 機器人

美學教育在中國大陸叫「素質教育」，2011年，「Otto2」正式在中國上海落腳，剛進中國大陸市場，陌生缺乏經驗，光是如何申請公

◀師生主題表演活動，啟發孩子創意魔力。

▼Otto2 獨家小小美容造型「人魚公主與人魚王子的邀請卡」。

▲詹宗賢（後排）頒獎鼓勵「奔跑吧！希望小象」得獎小朋友。

司等等相關法令，就足足繳了一年的學費，還好有台商協會的幫助，以及提供諮詢，才讓我們可以順利發展品牌。但畢竟公司是一個家族企業，並無雄厚資本，燒錢速度又遠不及找錢速度，加上強調「萬般皆下品，唯有讀書高」的傳統觀念，尤其中國大陸人口多、競爭大，且上海雖為國際大城市，但生活美學的概念還很淺薄，更質疑這方面的教學能力；因此，我們又再一次落入打品牌的戰略思考，於是我和姊姊決定分工，一位主打市場，另一位負責募資。

中國大陸的經濟起飛速度驚人，在這裡，越不可能的事，越有可能成功；越不相信的，越有可能發生；越少人做的，越有商機；只要敢做夢、敢向前衝，就有可能找到資源、募到資金。終於，我們的策略奏效，在2012年，順利募到300萬美金的第一筆資金，並且榮獲中國教育連鎖品牌總評榜、十大人氣品牌和十大公益品牌。

由於「Otto2」談的是生活美學，常有人問我：「『美術』跟『美學』有什麼不一樣？」我在這17年當中，費盡了洪荒之力，總結答案──「美術」是一門技術，它可以活到老學到老；而「美學」就是當你忘掉了這門技術後，留在內心最深的那分感受。「Otto2」強調就是「美學」，並且是「三美」。在幼兒園，我們提倡美語加美學的「雙美」，在Otto2藝術館、美學館，我們將親子共學這件事複製到商場去，定調為「三美」，期許能給孩子一個「美力」的人生。

面對中國大陸市場，我們選擇先蹲後跳，按部就班，將「美

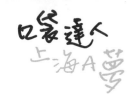

力」往下扎根，經過了幾年的努力，Otto2藝術美學的快樂學習與生活美學也漸漸被家長接受，目前在中國大陸已經有40個城市、近200個營業據點，可謂遍地開花。

但美學教育絕對不會立竿見影，我們持續不斷推廣Otto2藝術美學，落實生活美學，而且深信這是值得我們努力的未來趨勢，誠如阿里巴巴集團創始人馬雲說的「未來已來」、知名創業家李開復的「AI人工智慧」，都在說明未來10年產業結構的變化，就業市場不再是人與人的競爭，而是人和機器人的競爭，唯有教育的改變，才能應付未來世界，也唯有具備美感和創造力的感動服務，就業者才不會輕易被機器人所取代。

◇40歲大叔的任性 選擇出走

正當「Otto2」逐漸步上軌道，眼看著開花、結果，2013年，我卻選擇了離開一手創立的「Otto2」，彷彿割捨自己親生孩子一般，內心的痛是旁人無法理解的，但既然不捨，為何仍執意出走？因為我工作得愈來愈不開心，或許需要休息，才能走更遠的路；況且，「成功不必在我」一直是個人的管理哲學，團隊重於一切，當家族色彩會影響團隊管理時，最好選擇的就是任性離去，不僅是給Otto2一個新的機會，給自己這個中年大叔一個重生的機會。

而會下這麼一個決定，一切都要感謝一位好朋友，也是本書作者之一的家偉，一次的聚會聊天中，他提起了「壯遊」，然而，年過40

放大格局
給孩子創意未來的夢想家

的我，一個人到國外遊學，根本不可能成為現實人生的選項；但聽家偉口沫橫飛地描述其種種狀況和意義，我彷彿劉姥姥進大觀園般，充滿新奇，更覺得自己若不也來一趟「壯遊」，將枉過此生！

但是，公司正當蓬勃發展之際，我哪可能捨下公司、拋家棄子，說走就走？可是此時不走又待何時呢？我任性地決定放下一切，去進行我的「壯遊」，所以，我用全世界人都會用的藉口「出國進修」，來個說走就走的遊學。

但是，我這趟「壯遊」要去哪裡？學什麼？怎麼去？一點計畫也沒有。先前除了工作之外，出國只有海峽兩岸跑，公司有專人負責訂機票、安排飯店，突然間，我什麼都要自己來，只得硬著頭皮摸索，飛奔美國東岸第三大城市芝加哥，開始了中年大叔為期3個月的「壯遊」。

「Could you give me a coffee？」是我在芝加哥學校的第一篇作文，因為要快速融入當地生活，所以去咖啡廳看書是中年大叔要做的功課，且自認英文只有國中程度的我，因為面子問題，總是要求自己前一晚寫好劇本，做好準備，到了咖啡廳，才不會被外國人看笑話。但人生的考驗總是無所不在，隔天早上到咖啡廳點餐時，我並無法按照劇本演出，因為劇本是我寫的，服務人員的旁白卻不是按照劇本來的，最後，我用比手劃腳的方式完成點餐，感覺在芝加哥期間，肢體表演能力的進步比英文能力來得厲害許多。

在美國芝加哥「壯遊」的這段時間，我過得相當開心，感覺再

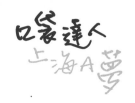

一次年輕，42歲的中年大叔好像回到30歲的時光，不對，應該是回到20歲！那裡結交到一群好友，帶著我翹課、購物，甚至瘋狂地利用3天時間，從芝加哥開車來回加拿大，只為了一睹壯觀的尼加拉大瀑布，這樣的冒險精神，我除了用於拚搏事業，沒在任何時機展現，終於在42歲時用到了！而那群大學生們最愛來找我串門子，因為我用一台大同電鍋，煮出可口的白飯、雞湯，迅速擄獲了他們的胃，不少年輕學子都愛來找我吃飯、喝湯，也因為和這群可愛的孩子相處融洽，讓我暫時忘記了離開最愛的「Otto2」的痛苦。

◇因為任性　還是要還

在此，我非常感謝家人包容我的任性。自從決心離開「Otto2」

▲ 2013 年，詹宗賢（右一）毅然選擇出走，前往芝加哥「壯遊」。

放大格局
給孩子創意未來的夢想家

後，就沒打算有回去的一天，所以從美國返台之後，我再次創業，由於當時爆發食安問題，鑑於在美國經常做飯烹調料理的經驗，加上互聯網的崛起，於是，2014年初，我成立了「好開心網路服務有限公司」，定調公司服務內容為「男人煮」，規劃了「大叔煲湯」、「教授廚房」、「型男主廚」等等視頻單元，鼓催「為心愛的人來一份最暖心的料理」，但是，公司才成立2個星期的時間，我的人生腳本又要從計畫A轉換為計劃B──必須重回「Otto2」，演出不是自己想演出的劇本。

話說「任性，還是要還的」！我的新公司「好開心」正摩拳擦掌，躍躍欲試，準備大展鴻圖，此刻，卻接到了姊姊的一通電話，她告知，在我離開公司之後，那一年，「Otto2」的財報出爐，竟然虧損了新台幣8千萬元！電話那頭的姊姊熱切表示需要我回來幫忙解決，否則公司就撐不住了！無法坐視辛苦建立的公司心血化為烏有，功虧一簣，所以，只得收拾起任性，重返「Otto2」，承擔那8千萬元的財務虧損大洞。

我相信天上絕對不會掉下禮物，只會掉下鳥屎。當遇到問題時，只有正面、積極去面對，而在你願意面對問題，積極努力處理時，通常問題就解決50％了，另外的50％，只能盡人事、聽天命了。不過，「危機就是轉機」，雖然面臨經營危機，卻也剛好藉機整頓台灣因擴大經營導致虧損的門市據點，降低成本開銷，並將中國大陸的市場目標放大，積極投入運作，重新贏回股東信任，願意

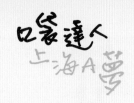

▲ Otto2 藝術美學在兩岸已經遍佈 40 個城市、突破 180 個據點。

放大格局
給孩子創意未來的夢想家

 集团品牌

Otto2
艺术美学
Otto2艺术文创集团
Otto2 HOLDINGS CORPORATION

Otto2艺术美学
16年经典优+项目
[給孩子创意自信的未来]

美学乐园
游乐园强强联手品牌
[集合所有孩子的最爱]

幼兒園早教合作教材
[教室就是全世界]

Otto2手作馆
小额创业家金牌项目
[动手玩创意]

▲ Otto2 藝術文創集團旗下各品牌。

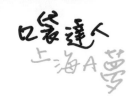

繼續增資，終於度過難關，公司業務持續蓬勃發展。

　　這堂8千萬的課，真的好貴！「堅持、夢想、勇氣」，是我一貫的創業理念，如果沒了初心、缺乏堅持，一切價值都將歸零；如果沒了夢想，一切的堅持都沒有目的；如果沒了勇氣，一切事情都完成不了；而想要踏上成功之路，除了實踐、除了行動，別無他法！

◇經營貴人　保有熱情

　　此外，我認為，在每個人生命中旁邊一定需要一些貴人，可分為三個部分：一部分是提供溫暖的、一部分是提供資源的，還有一部分則是要歷練的，這些貴人不會平白遇上，平時就需要善加經營，他們不但會適時給予奧援，更是你最好的人生導師。

　　而貴人的經營，就像做生意一樣，要誠心誠意、真心相惜，自覺人生當中，貴人不斷——家人和高中好友是帶給我溫暖的貴人、創業股東和公司團隊是提供我資源的貴人，還有讓我歷經各項考驗、各種失敗的朋友，他們也都是我的貴人，經營貴人、善待貴人、珍惜貴人，正是成功的不二法門。

　　其實人生最大的貴人就是自己，平時養成閱讀習慣，一本好書搭配一杯香醇咖啡、一段悅耳音樂，就可以享受愜意人生，更可以從中汲取無限知識和智慧，為自己的人生寫出精采劇本，不管是計畫A或計畫B，都會成為最佳方案。

▲在百貨商場舉辦「Otto Man」活動，寓教於樂。

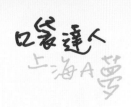

▲ Otto2 藝術美學「小象見面會」活動,深受親子歡迎。

熱情，則是一個成功企業家必須具備的條件，亦是創業可以持續不綴的唯一理由，它不會因為資金、市場變化而停滯不前，保有你的熱情，相信你的能力，維持你的初衷，這些都會支持你邁向成功的那條路！

因為創業的熱情沒有被撲滅，我才願意回來承擔8千萬元的虧損，並且積極面對面題、解決問題，「還好當初沒放棄」，「Otto2」今天才有40個城市、200個據點的事業版圖！

◆放大事業格局　建立黃金團隊

「格局」，是我一位事業上的貴人贈與的箴言，那個時候內心完全感受不到其真正的意義，也不明白為何要送我這兩個字？只是認為，既然貴人願意投資我的事業，自己的格局怎麼可能不夠大？但後來在中國大陸的打拼事業的這幾年，我才真正清楚、明白他當初所謂的「格局」是如何？「Otto2」不僅要搭建兩岸的舞台，接下來更要把它變成世界的舞台，「格局」，將決定你的事業版圖和未來！

常言道：「戲棚子站久了，就是你的」。而此話另一層意義，也就是點出「團隊」的重要性，因為要搭建創業成功舞台，這「戲棚子」絕非一己之力可以完成的，創業者必須培養正確的觀念和價值，才能建立黃金團隊，因為「成功的自己只能成就一時，成功的

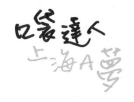

團隊可以成就一世」，而創業多年來，我已經培養出一群有滿腔熱情、有共同情懷的人，打造出一支鐵桿子部隊，可以不顧一切，為了公司來打拼，這也是我相當感恩、極為驕傲的一件事！

　　雖然曾經不被認同、曾經歷經失敗、曾經面臨危機，但只要懷抱熱情，永不放棄，所有的過程都將累積成為未來爆發的能量；也因為如此，2013年那鉅額虧損至2017年已經損益平衡了，接著開始穩定成長；公司團隊和股東們對於未來的5年的發展亦相當樂觀，相信假以時日，「Otto2」必定成功站上國際舞台，在兒童藝術美學教育閃爍耀眼的光芒！

 達人箴言

　　堅持、夢想、勇氣！

　　如果沒了夢想，一切堅持都沒有目的；如果沒了勇氣，一切事情都完成不了；所以，堅持你的堅持、擁抱你的夢想、執行你的勇氣！

兒童藝術美學達人

Otto2 藝術文創集團總經理　詹宗賢

❖ **中國經驗**：7 年（台商 7 年）。

❖ **專業強項**：兒童美學藝術推廣、品牌經營、連鎖加盟系統建置、
　　　　　　　組織建立。

❖ **座右銘**：經營者，就是要能創造成果的人！

❖ **企業的標語**：給孩子創意自信的未來。

❖ **達人能提供什麼服務？**

　1. 中國大陸幼教投資規劃。

　2. 中國大陸幼教市場分析。

　3. 提供台灣年輕人實習的機會。

　4. 創業諮詢服務。

歡樂泉源

用音樂營造自在空間的主持人

背景音樂規劃達人／金革音樂（上海）總經理

邱野《述熔》

~盡人事、聽天命，永不放棄！

金革音樂（上海）成立於 2002 年，原為台灣金革唱片在上海的分公司，是一家集製作、出版、發行、版權代理與授權為一體的唱片公司，在金革音樂（上海）總經理邱野（述璿）的領導下，現已成功轉型為數位音樂授權服務公司。近年，著重為各類營業場所進行客製化的背景音樂設計。

　　除了背景音樂的規劃與授權，其服務的範圍還有企業紀念音樂贈品、廣播廣告的錄製、企業形象影片的拍攝、企業主題曲的創作，以及音響工程的架設……等等；金革音樂（上海）不僅協助商場建立差異化氛圍而吸引更多主要客群，更為多家知名連鎖企業打造聲音的品牌以提升形象，同時在大陸地區各城市逐漸嶄露頭角，自詡成為「背景音樂的規劃大師」。而邱野（述璿）從金革唱片暑期打工的工讀生，一路做到大陸地區的總監，更從台幹變成了台商，在音樂產業歷經 30 年的歲月，不僅見證了音樂產業的滄海桑田，也目睹了音樂播放載體的巨大變革，更深深感受到兩岸對於音樂著作權重視的差異。

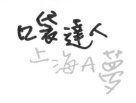
1988年，在等待大學聯考放榜之際，我加入了金革唱片，成為暑期的工讀生，進行陌生拜訪，掃街掃樓銷售套裝音樂卡帶。沒想到，這一做，就在音樂產業待了將近30年的時光，並且還一路從暑期工讀生、組長、課長，到最年輕的分公司主任（24歲），更在30歲時，成為金革唱片在中國大陸的執行總監，最後甚至成為了金革音樂（上海）的總經理（實際擁有者）。我的青春，可以說都獻給了金革，金革是我人生的第一份工作，也是最後一個工作……。

◆少年得志　要做就做最好

為什麼我能從一名小小的工讀生變成最年輕且能獨當一面的分

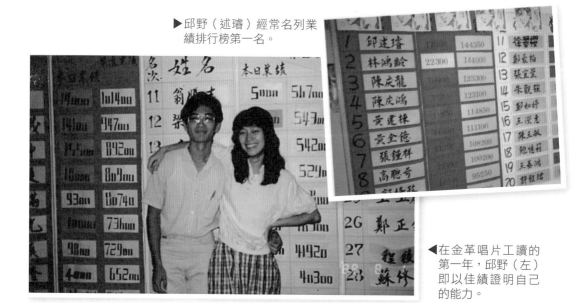

▶邱野（述璿）經常名列業績排行榜第一名。

◀在金革唱片工讀的第一年，邱野（左）即以佳績證明自己的能力。

公司主任，之後更成為大陸的總監？

　　會在一開始暑期工讀期間就選擇高壓的陌生拜訪工作，除了賺錢之外，就是想要證明自己比別人強，能做一般人敬而遠之的推銷工作，所以，追求業績上的突破，持續長時間的高業績，已經變成一種習慣，就在不斷超越別人、不斷被別人超越，再不斷地超越回來的過程中，磨練成為戰勝自己、征服挫折的超級推銷員；之後，

▲在金革唱片工讀時間，邱野（左4）認識了一群好夥伴。

▶邱野在金革唱片表現傑出，獲得長官一致肯定。

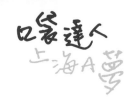

成為公司最年輕的業務課長，再把這樣的精神傳授給公司後進，也在追求業績的過程中，同時不停複製出許多超級推銷員，並且建立自己的團隊。

就在24歲那年，我成為金革最年輕的單位主任，征戰台南，創下年度新台幣3,000萬元的業績！回想那時，除了不服輸的精神之外，全心全意地投入，不做則已，「要做就做最好的」，是我鼓勵團隊、更是鼓勵自己的座右銘，就是這樣的態度，讓我屢屢完成不可能的任務，成了金革的當紅炸子雞！靠著這樣的精神和態度，我

▲ 2002 年，邱野在北京參加中圖音像業務的培訓。

憑藉自己的能力，在年紀輕輕時就擁有了自己的房子、自己的車子，並且完成人生的終生大事，銀行還有不少的存款，邁向眾所稱羨的「五子登科」，真可謂是「少年得志」！

◇轉戰上海　面對中國大陸唱片市場情況

1997年，在金革創辦人、人稱「勁嗓」的陳建育總經理和董事長陳建章的帶領下，同至上海考察，開啟了我的中國大陸視野，感受到大上海魅力和市場的無窮潛力，當時就在心中燃起要來上海闖

▲邱野引領金革唱片參加各地的展銷活動。

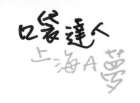

蕩的企圖。經過2年向公司的積極爭取，以及準備之後，2000年11月，我終於來到上海，開始我的中國夢……。

但此時中國大陸的唱片市場，盜版猖獗，對文化產品極度不尊重，因此，我決定從高品質、高單價的金革成品CD進口作為市場的切入點，透過中國圖書進出口公司的引進，並於半年內，陸續打開北京、上海、廣州、深圳等地的重要據點。

在成功走出第一步之後，我也不斷積極尋找可能的突破口，由於當時中國大陸音像製品的市場並不直接開放給境外人士經營（包括台灣），為擴大市場影響，開始與中國大陸國營的出版社合作出版，同時建立全中國的發行網；直到2003年，當順利拿到可以全國發行的音像製品批發許可證時，我們的產品發行通路已經涵蓋全中國的最具代表的新華書店（北京圖書大廈、上海書城、廣州購書中心、深圳三大書城……），遍佈中國大陸各省市的一級批發、二級批發，在全中國的正版發行管道都可以看到我們的產品，特別是「班得瑞」更是唱片架上的銷售常勝軍。

◇淨化心靈 進入中國市場的關鍵產品

瑞士班得瑞樂團的音樂專輯是我們進入中國市場的關鍵產品，許多愛樂者對於「來自瑞士一塵不染的音符」、「空靈飄渺的音樂世界」的廣告詞相信是耳熟能詳。

▲瑞士班得瑞樂團音樂專輯系列產品成功進入中國市場，成為極簡派新
　世紀音樂的代表。。

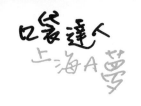

班得瑞樂團是由一群年輕的音樂家和音源採樣工程師所組成，他們長時間沉浸於瑞士的自然風光之間，並於其間進行創作，採擷了自然的配樂、音效，所以他們的音樂是如此純淨、如此撫慰人心，讓人聽了之後，有淨化心靈的感覺……。

班得瑞樂團的系列專輯應該是在中國大陸市場迄今賣的最好專輯，成為極簡派新世紀音樂的代表，正版的銷量應該就有超過500萬張，這是我們在中國大陸企劃行銷做得最成功的專輯，簡約的封面設計、純淨的透徹音質，至今還是被樂迷們津津樂道，一直想讓這支錄音室樂團能走出幕後來中國大陸進行巡迴演出。不過，因為多方原因而未能成行，著實是一大遺憾，衷心希望有一天，能樂見他們一行人踏上中國的土地。

◆創業思維　在創業三階段扮演不同角色

2008年，由於母公司台灣金革股權轉讓，我面臨了要不失業接受資遣，要不接下金革音樂（上海）繼續經營的抉擇；局勢的演變雖不在我的預期之中，但是過去由於金革創始人「勁嗓」的信任下，我早就是把金革音樂（上海）當成自己的公司一樣來經營，早就獨當一面，對於這樣的情況，我當然把這看成是老天爺給我的考驗，更當成是難得的機會，所以短暫思考後，我決定賣掉在上海古北的房子，買下金革音樂（上海）獨自來經營，這一瞬間，我馬上

從台幹變成了台商，畢竟，創業者的思維早就融於血液之中。

曾有人問我，在創業的過程中，除了創業的初衷和創業者的思維外，創業者在創業的歷程裡是否會因不同的階段性而需要扮演不同的角色？對此，我認為創業者在創業的三種階段裡將扮演不同的角色：一、在草創時期，公司一切都還在嘗試與建置中，此時創業者要「親力親為」，由於公司組織小，常要身兼數職，此時創業者對每件要事都必須充分理解與掌握；二、度過了創業的草創時期，而進入穩定時期後，創業者就不應該再親力親為了，而必須開始「充分授權」，並且「專業分工」，讓專家來做專業的事；三、在度過穩定時期後，公司將進入到成長期，這時候，創業者除了原先的專業分工外，更重要的是，「要複製更多的關鍵人才」，讓更多的關鍵人才帶領公司往前衝刺、帶領公司上一層樓。

◆認清局勢 轉讓實體通路經營

接下金革音樂（上海）之後的唯一改變，就是更想放手一搏來證明自己的能力，儘管當時唱片產業的前景已不若從前，但是我接手之後，仍然覺得可以有不小的發揮空間，從精簡組織開始，再強化與客戶之間的關係，最後將版權資源的極大的運用，一切都朝向良性的發展中，

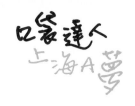

業績雖然因為整體市場的萎縮，未能顯著成長，但在當時已經是來之不易，因為絕大多數的實體通路業者都是非常吃力地在經營著，業績都是大幅度地萎縮著！此時的中國大陸的市場大餅已不復當年，在整體評估過後，我做了一個非常重要的決定（現在看來當然是無謂的決定）「逆勢操作」在有限的市場中搶佔更高的份額——持續加碼投入更多套裝專輯的製作與生產，企圖從市占率當中獲取更大的生存空間！

在短期市占率提高的假象之後，接下來就是必須開始面對殘酷的事實，在持續加大實體通路的投入之後、成本大幅增加的同時，業績上的表現卻遠遠不如預期，諸多跡象均顯示實體通路的萎縮已經勢不可當，大趨勢是傳統音樂播放的實體載體將逐漸從我們一般人的生活中慢慢退出，勢必成為品味一族的一種懷舊生活享受。

2015年，我終於決定將多年來辛苦建立的實體通路轉讓給我的業務主管來繼續經營，現在回過頭來反思，這樣的決定如果能提早3年，相信會有一番不一樣的局面。

不過，在我心中醞釀已久、看好的未來，就自此展開！

◇變遷轉型　背景音樂規劃大師

從進入金革開始，我一直把自己當作是「福音」的傳播者，過去是專門為忙碌的上班一族提供最好聽的音樂，免去他們選擇音

樂的麻煩；而後在堅持投入這個產業的過程中，也見證了這個產業的整個變化，從一開始類比的音樂卡帶，到數位化CD的出現，後續的LD、DVD，最後MP3的興起，慢慢地改變了人們聽音樂的方式，實體載體聽音樂的方式，已經被方便取得的數位音樂所取代。

　　在看到趨勢無法改變的同時，我一直不斷在思考，音樂產業的未來在哪裡？過去流行音樂的唱片公司逐步朝向娛樂經紀公司來發展，實體CD不再是獲利的來源，轉而從廣告代言、商業演出、演唱會、粉絲經濟……等，作為音樂產業業者經營的方向，而像金革

▲邱野（中）與金革夥伴於日本北海道旅遊。

這樣定位在精製音樂的所謂非主流的唱片公司，什麼才是未來的發展？

　這個問題在產業變化的過程中，我不斷在思考著，也不斷在尋找可能的機會，其間隨著中國大陸國際化的加速，國際知名企業陸續的進駐中國，他們將國外重視著作權的觀念帶到中國大陸來，特別是在背景音樂授權方面（公播），在與其品牌定位匹配的音樂內容上、在合法授權音樂取得的保障上、在提供專業的服務的方式上，主動尋求我們給予協助，使其可以放心播放音樂的企業越大、越多，我開始嗅到這個產業未來的可能性，同樣是在傳播分享好的音樂，之前是屬於個人欣賞的範疇，現在是透過公開播放的方式，讓更多的人能欣賞我們為大家準備的好音樂，同樣是在傳播「最適合的音樂」，只是方式有所不同罷了。

　經過這兩年專注的投入於公播這個產業，我們分別在各個領域都有不小的斬獲，由我們提供服務的企業與日俱增，特別在各類全國性的連鎖企業方面，大賣場、商場、餐飲、服飾、星級飯店……等，都可以聽到由我們所提供的版權音樂，秉持「對」的精神「在對的時間、對的地方，放對的音樂」，我們給客戶最適合的背景音樂，更為連鎖企業製造與競爭對手的差異化，創造音樂獨特性，並打造聲音的品牌。

◇打破距離　雲播放系統提供遠端服務

　　由於近年在中國新著作權法的修定後，加上著作權集體管理單位的積極維權，以及各方著作權人版權意識的抬頭，當然還有國際間對中國文化走向世界的對等要求下，使用背景音樂必須付費的概念已經普及，中國市場各類營業場所亦逐步知曉，特別是全國性的連鎖品牌，都開始願意將公播交給專業的團隊來為其規劃，一方面能將店內的背景音樂轉化成聲音的品牌，另一方面還能得到法律的保障，加上目前處於市場起步階段，收費相對國際標準便宜許多，

▲深入了解客戶需求，提供高品質的背景音樂規劃設計服務。

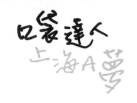

因此，市場需求已經呈現穩定的成長。

為了能提供全國性的連鎖品牌更好的服務，我們獨立自主開發了「J-Cloud」雲播放系統，此一系統特色為：一、全自動化的分時段播放，無需人工操作；二、每日準點開播／關閉；三、實現全國統一管理，及時掌握各門店；四、定時語音播報，臨時語音插播；此系統運用雲端的概念，遠端即可為遍及全國各地的門店來進行服務，並可提供在線更新、離線播放的實際效果，徹底解決了過去因距離而造成的管理不到位和各門店音樂內容的時間差，更避免了店員私自播放個人喜好音樂而造成的法律風險，真正實現了全國性的統一管理。目前利用此一系統已有數十家包括外資、台資、港資、陸資……等知名連鎖品牌，門店遍及全中國各大城市，服務門市數已達3,500家，並持續增長中……。

◆樂於主持　享受帶來歡樂和服務的成就感

到上海多年，過去一直專注於自己的工作領域，鮮少參加台商圈的社交活動，後來在我姐夫（李崇章，上海市台協的常務副會長）的影響之下，開始積極參與台協的相關活動，開始是為了交朋友，拓展人脈，尋求可能的商機，之後發現我還能真的為台灣朋友圈貢獻自己的一點心力，這就是我擅長也樂於去做的「主持工作」，我為上海市台協、閔行區工委會、連鎖工委會、母嬰

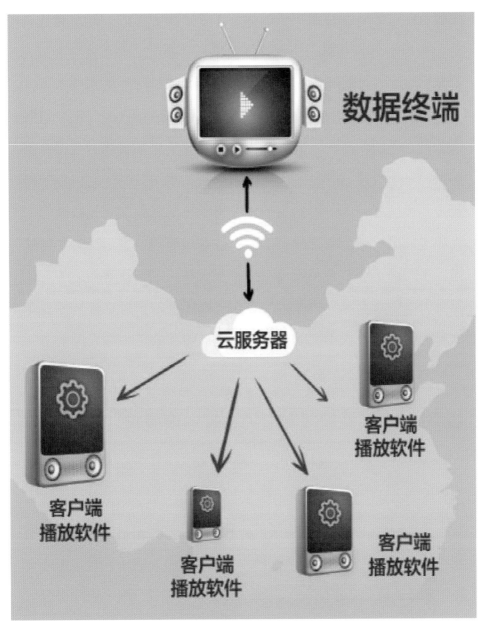

▲開發「J-Cloud」雲播放系統，提供打破距離的遠端服務。

工委會……等，主持過不少的活動，除了讓更多的人能認識我為公司帶來不小的商機之外，我確實也享受著帶給大家歡樂、為大家做點事的成就感當中，同時也在上海台商圈享有一點知名度。

　　為什麼我樂於製造歡樂，面對眾人也可以侃侃而談呢？這要從我進金革說起……。前面有提到我進金革是為了挑戰自己、證明自己，所以常常認為別人可以做得到的事，我也一定可以，而在金革影響我的人、幫助我的人非常多，池恩課長就是我期間一直非常佩服、也一直在學習對象；池課長是我進金革時的業務課長，平時除了要訓練業務員之外，每天在正式業務會議之前，他還身兼著帶起大家一早精神的責任，除了要帶早操之外，還要帶大家唱歌，唸每天不同的業務信條，最重要的是，每天還要講一個笑話給大家聽。

◆爭取上台　磨練成為游刃有餘的演說家

　　面對每天高強度的壓力，能在一早讓池課長帶起一天的精神，並且能開心地面對一天的工作，成為我當時上班非常期待的事情，我永遠是配合度最高、笑得最大聲的一位，即使是被他開玩笑，也樂在其中！我常常想：「要怎樣才能像池課長一樣，在台上帶給大家這麼多的歡樂？」所以，只要一有機會，我就爭取上台的機會，即使是一小段的帶早操活動。

中國思維 入境隨俗

▲ 2017 年，參加 BeAGiver 演講，一出場即成為大眾焦點。

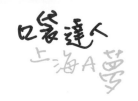

　　還記得，我的處女之作是草蜢的「失戀陣線聯盟」。那次初試啼聲，我就準備了好幾個晚上，還買了錄影帶來學習，一邊唱、一邊跳，結果一炮而紅，之後我亦不斷爭取表現的機會，所以，再來，不管是帶大家唸信條也好、講笑話也好，我都逐漸勝任，到後來，我已經可以像池課長般完整地帶好整個晨間活動。

　　除了這些之外，我更在業績上力求表現，爭取上台與大家分享業績優異的心得；我在當工讀生的時候，就在爭取台上表現的機會，學習如何做組長、做課長？做了課長，更積極爭取上台傳授自己的銷售觀念與技巧……等等，所以，一路晉升為主任時，

▲ 2007 年，法國坎城 MIDEM 音樂節後，邱野（左）與太太於法國凱旋門合影留念。

我已經具備相當自信的台上能力，最後終能獨當一面；在多年的經驗累積之下，我在面對眾人講話時，已不再感受到壓力，而能夠樂在其中，享受受人重視、還能帶起全場氣氛的成就感！

　　基於自己的經驗，我常鼓勵孩子從小就去爭取上台表現的機會，因為舞台魅力絕對是可以藉由後天訓練而成的，同時我也鼓勵身邊所有的年輕人，趁年輕、沒有什麼身段問題的時候，及早爭取所有可能的上台表現機會，不斷練習，假以時日，一定可以成為在台上游刃有餘的成功演說家！

▲ 2007 年參加法國坎城 MIDEM 音樂節活動，與各國音樂同好交流。

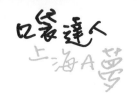

◇創業思維　自我管理的極致表現

從進入金革的第一天開始，我就被教育「要學習管理自己」，因為開發客戶的過程中，不需要任何人來監督，必須自我管理，第一步就必須設立目標，做目標的管理，同時也必須充分的運用時間，做時間的管理，在金革的成長過程中，不論是哪個階段，都在貫徹此一理念，所以才能一帆風順，成為最年輕的單位主管……。回想這一段歷程，我早就被訓練成創業者思維，早就已經在為創業做準備，不斷設定目標，安排時間完成。

所以，創業，就是自我管理極至的體現！

對我而言，創業是一種習慣，創業思維就是隨地在思考：「如果這件事換成是我，要如何做得更好？」並且隨時隨地在準備著，因為創業時是不會有真正準備好的時候，因為永遠有未知在等帶著創業者，就像冒險家一樣，審慎評估，勇往直前。事實上，不僅是老闆要有創業者的思維，就連員工也必須要有這樣的思維，養成做好時間的管理和目標的管理的習慣，而有這樣子習慣的員工，不僅在員工時期會贏得最多的機會，也會為未來可能的創業機會做好準備！

而身為創業者、領導者，未來又將如何帶領公司發展？上海作為中國大陸的商業中心，有相當多的品牌總部都設立於此，這對我

◀邱野經常鼓勵孩子們爭取
上台表現機會。

▲邱野全家福。

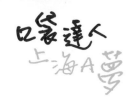

們開展全國性的公播業務助力很大,所以,未來金革將精耕上海市場,以上海作為基地,並幅射到全國,這是我們第一階段的發展計畫;爾後,在音樂版權資源的擴充下,各類場所服務經驗值(音樂編排,播放技術……)提升、人才培養與複製……等必要的成功經驗累積後,在各個主要城市,如:北京、廣州、深圳、杭州、南京……等等,設立分公司是我們接下來的發展計畫;相信在公司團隊持續努力之下,各階段的計畫將很快實現,我們也終將成為中國大陸背景音樂規劃的首選,敬請大家拭目以待!

達人箴言

- 創業是一種習慣,思維隨時隨地在準備,因為不會有真正準備好的時候,永遠有未知等待著,只能審慎評估,勇往直前。
- 時間管理和目標管理更,創業者和員工都必須養成的習慣。
- 簡言之,創業,就是自我管理極至的體現!

背景音樂規劃達人

金革音樂（上海）總經理　邱野（述璿）

❖ **中國經驗：**17 年（台幹 8 年＋台商 9 年）。

❖ **專業強項：**主要提供音樂版權代理與授權，深入了解每位客戶的需求，提供客製化的背景音樂設計，以音樂定位不同層次，並凸顯每家公司的價值，透過音樂來昇華客戶對公司的整體感覺，以及客戶對音樂公開播放的合法使用。

❖ **座右銘：**盡人事、聽天命，永不放棄！

❖ **企業的標語：**在對的地方、對的時間，放對的音樂。

❖ **達人能提供什麼服務？**

　1. 背景音樂的規劃與授權。

　2. 企業音樂贈品。

　3. 廣告配樂、廣播廣告錄製。

　4. 企業主題曲創作。

　5. J-Cloud 網絡播放器。

　6. 音響工程架設。

知識力量

文創體驗整合行銷的圓夢家

文創體驗商場規劃設計達人／荔堡企業管理顧問執行長

~花若盛開，蝴蝶自來；人若精彩，天自安排！

荔堡企業管理顧問有限公司是一家實力堅強、專業服務、品牌經營開發與商場設計經驗豐富的企業管理顧問公司，其主要的商品與服務為：創新設計、體驗城市的商業文創、連鎖餐飲品牌事業群的整合，目前是大中華地區正在崛起的「跨世代體驗商業全領域運營整合平台」，其嶄新的商業模式不僅能為客戶帶來更多的機會和競爭力，還能協助客戶進行招商、營銷、業務拓展、國際品牌的引進、策略合作，乃至於營管制度和營銷策略的建立，而荔堡的中、台、日、韓國際化團隊更是服務品質的保證。

「Knowledge is power（知識就是力量）」，不僅是荔堡的標語，更是公司的核心價值，因為荔堡所提供的服務與整合平台都是立基於高度專業和深厚的實務經驗。從連鎖餐飲、文創特色小鎮、商場規劃運營到兩岸相聲表演文化交流策展，荔堡企管顧問執行長曾瑩玥將不斷帶來令眾人讚嘆的文創驚喜！

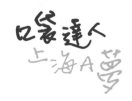

　　1998年，生活幸福美滿的我，在家人全心呵護下，生下了第1個寶寶；然而，由於懷孕期間體質改變，加上飲食沒有特別限制，日益心寬體胖，昔日的窈窕體態早已不復見，同時造成了生活中的許多不便，也成了我人生中的第一個痛點。面對如此轉變，心中閃過了一個念頭：「如何用健康的飲食方式來滿足口腹之慾」？就這樣，創業的想法開始在我的心中萌芽，幾經思量，決定付諸行動！轉眼已創業多年，算是有點小成績，當有人向我請教，我總笑著說：「別人都要求『三點不露』，我來教你『三點全露』！」

▲肚裡懷著兒子的曾瑩玥（前排中）與協助賺得第一桶金的戰將們，共同醞釀火鍋連鎖店的開始。

◇每一個痛點 都是一個起點：發現新市場、新業態

當時，我的想法很單純，就是想找一個「既有市場性，又能讓家人吃得方便，同時還能夠呵護家人健康」的產業。於是，「健康煮」這個餐飲品牌就此誕生！1999年1月8日，我們在台北創立了第一家店——健康煮主題餐廳，而這也是我實踐夢想的開端。

隨著社會大眾對健康的意識開始抬頭，健康產業興起，「你越怕死，我越賺錢」，養生飲食的風氣也開始盛行，而「健康煮」的經營理念正符合社會大眾的需求，加上我們嚴選食材，用心料理，並且透過與眾不同的烹煮方法和主題式經營型態將健康飲食的概念導入，所以很快就獲得大眾的認同，店內生意興隆，座位經常供不應求；短短幾年，「健康煮」成為餐飲連鎖品牌，連鎖加盟迅速擴張，而我也被業界喻為「火鍋女王」。

沒有想到，為了解決我的痛點卻無意中產生了一個新市場、新業態，為喜愛健康飲食的消費者提供滿意的服務，同時也為我賺進了第一桶金。

▲曾瑩玥（左）第一次出書的新書發表會，分享「火鍋女王」的成功經驗。

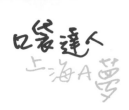

口袋達人
上海A夢

▲「健康煮」在上海的第一家店，是位於久光百貨的靜安店。

◇前進中國大陸 要先蹲點：沉靜觀察 用在地角度就地取才／財／材

經過3年的參展和觀察，2003年，決定前往上海發展「健康煮」餐飲品牌的業務，就此展開了我的中國大陸商場之旅。

在中國大陸發展事業，有一個成功的關鍵法門叫「蹲點」，也就是你用在地的高度，觀察市場的缺口，決定要做什麼？要如何做？才能在當地市場的激烈競爭下，立下灘頭堡！

首先要結合「在地人才／錢財／物材」，也就是必須「接地氣」，如此，才能克服文化差異而成功建立商業據點。當然，我們也曾在此跌倒，繳了不少的「學費」，最終才領悟出相關的道理，進而讓自己的公司成功融入在地文化、民情風俗和地方政策，我的事業才得以持續發展，進一步穩健經營。

成功融入在地文化、民情風俗和地方政策，這點相當重要，因為兩岸人民雖然說一樣的語言，但想的卻是不一樣的事情，但既然在人家的地盤上，就要「以對方聽得懂／看得懂的方式」來進行溝通，這也是提升執行力的關鍵。簡單地說，就是要以中國大陸在地的語言思維來表達，盡可能以明確的數字和具體

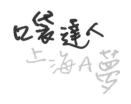
的圖像來輔助說明，減少溝通成本增加執行準確度，方能順利達到成功的標的。

◇斷尾求生　打破重來　找到事業轉捩點

2010年，一直只求快速擴張的我們，忘了隨時停、看、聽，體檢自己企業的現狀，很快地面臨遇到人才斷層，以及現金流的槓桿失衡，面臨資金斷鏈的問題，在送死和等死之間，決策纏鬥，品牌是要繼續經營下去？還是打包回台灣呢？內心無比煎熬，最後，我寧可孤注一擲，也不願無助地等待，因而積極尋找出路；最後，在某個地產開發商集團的拓展策略下，進行了併購，成為我中年人生事業上的轉捩點。

其實人生在取捨之間，沒有一定的定論，失去原有的舞台，有可能老天會再給予另一個舞台；而我，換上另一個舞台，華麗轉身，不再只是「火鍋女王」！

斷尾求生，打破重來。常言道「打斷手骨，顛倒勇」，有了慘痛失敗跌倒的經驗，沒想到，這樣的經驗也成為企業轉型與成長的養分；有許多企業主需要我們將這些跌倒的經驗分享出來，幫助他們的企業少走彎路，如此一來，我們收起自尊心，

▲嘗試轉型，開設第一家文創體驗主題餐廳「健康煮養生鼎料理」。

▲採用秦始皇養生不老的理念為故事，並將文化歷史場景化，造成許多話題。

▲主題餐廳面對黃浦江、進駐正大廣場,此時
處於開始與集團合作的人生轉捩點。

勇於面對過去的失誤，卻帶給自己新的商機，提供更多分享資源和商業平台。這一階段，我們搖身一變，成了許多品牌開發的創意推手，以及企業經營管理的諮詢顧問，並且逐漸成為許多嚮往餐飲和文創產業業主的圓夢專家。

◇深度和廣度並進 一切是最好的安排

摧毀，就是為了重建，荔堡企業管理顧問生涯就此開展。沒有了自己設限的條條框框，反而多了源源不斷的創意巧思，不但設計出各種充滿文創巧思的主題餐廳，還讓每一家餐廳都有屬於自己的獨特風格和主題特色，從日式料理燒肉系列、火鍋系列、鬆餅咖啡，再到蛋糕、甜點等各種令人驚奇的餐飲業態，收起堅持自我的成見，聆聽多方不同的聲音，海闊天空，創意無窮，思路奔放，只要客戶有需求，並能徹底解決客戶的問題，就是我們能為客戶創造價值之處。

所以，荔堡企業管理顧問有限公司於2010年在上海創立後，我們所協助的業者越來越多，無奇不有，而涉獵的業態也越來越廣，同時也讓我們增廣見聞，公司的服務範疇亦不再局限於餐飲連鎖；漸漸地，各種文創商品包裝和體驗主題商場設計，都成為我們的業務提供輔導項目。好朋友們有時還會笑稱我們涉足到開發商的行列了，當然他們都是為我們加油、也為我們感到喜悅的。此時只想說，一切都是老天爺最好的安排，機會永遠都是給準備好的人，也

是給心存善意的人。

　　「Knowledge is power.（知識就是力量）」，我將這句話放在公司的Logo上，不僅是我個人督促和提醒自己要不斷地學習成長，才能永遠保有競爭力，它更是公司存在的核心價值，因為我們所提供的服務與整合平台，都是要立基於高度的專業知識和深厚的落地實務經驗，才能真正貼近市場需求，完成顧客的要求，並且超越顧客的期許，達到顧客滿意。

◇菁英團隊　打造商業領域運營整合平台

　　很多人對我們很好奇，「如何有這麼多充滿創意和跨領域跨業態的設計思維」？其實，「台上一分鐘，台下十年功」，不但時時要導入國際的創意能量和文創資源的融合，讓在地的服務與設計變得更與眾不同，更需要累積大量的實戰開發經驗後，才能建立起跨世代跨領域全體驗商業平台的整合能力，具體來說，需要的是一群熱愛生活、不肯屈就現況、勇於冒險突破、「無中生有，小題大做」的敢死隊。

　　「無中生有，小題大做」，亦可說是文創產業的產業指導方針。文創產業要遵行「越在地化即越國際化」的操作原則，必須要「無中生有」，同時更要「小題大做」，在原有的基礎資源上廣度整合，或在單一的主題文化上、產品上深度加值、服務，文化故事的延伸，才是文創帶來的產值。

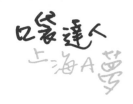

由於我們的核心團隊都是在兩岸餐飲服務業具有20年資歷以上的菁英，有餐飲業態的專家，以及精緻服務的品牌，因此，戰略規劃、品牌設計、連鎖總部系統、泛娛樂大文化時尚文創體驗空間、文化產業創新整合平台演藝空間、打造溫床特色小鎮、體驗式主題商場規劃，是我們的利器！「專業、創新、永續經營」，是我們的承諾！

◇日本貴婦蛋糕連鎖店　彼內朵的台灣傳奇

「荔堡」創立幾年下來，我們累積了不少傲人的成果，例如：來自日本名古屋的法式甜點店PINEDE彼內朵。一個發跡於日本名古屋、40年知名連鎖蛋糕烘培業，第一次踏出日本本土跨海經營

▼引入日本貴婦蛋糕合資，一同開拓台灣中國市場、「PINEDE 彼內朵」成功開幕，並造成排隊風潮。

發展，首站竟然是來到台灣。說起日本企業，一直以來都是非常保守的，但對中國的廣大市場卻是總是心生嚮往而躍躍欲試，不過，前進中國大陸的日資企業失敗賠錢的居多，一方面語言不通，另一方面歷史種種的糾結情懷，使日資企業直接登陸發展有其阻礙性，這時的台資企業正好填補這缺口，我們就此成為中日發展最好的跳板和橋樑。我們規劃彼內朵先在台灣合資設立旗艦店，進行主團隊的培訓，以及營銷管理模式的磨合操練，進而在台灣市場打出知名度，再向中國大陸發展。

這個模式兩年多來確實發揮不少作用，雙方合作：台灣團隊了解如何行銷當地市場，而日本團隊善於技術研發輔導，相輔相成，雙贏效益。由於彼內朵口味獨特，品質嚴控，行銷手法深深打入消

▲「PINEDE 彼內朵」日本社長來台，用台灣原物料做出好吃的日本蛋糕。

▲上「小燕之夜」節目，夫妻倆特別以手繪蛋糕向恩師——資深藝人張小燕（右）致意感恩。

費者內心，品牌效益很快建立起來，衍生了許多許多「朵粉」；所以短短兩年就開展了多家門市，成為各方名流和企業送禮最愛的伴手禮，更有演藝人員的彌月禮由台灣訂製送至中國大陸的製作影視領導人，收禮者都讚不絕口！不但在台灣發展創新出來許多日方原來沒有的行銷模式和商品，同時大陸及海外加盟合作者詢問度極為熱絡。由此可見，台灣發展潛力不但自己可以有創造優勢，又可以作為國際品牌想進入中國市場的最佳跳板；而此時此刻，彼內朵的傳奇還在繼續創造中，期待它將不負眾望，綻放更亮眼的光采。

◇兩個極端不同的創意作品 代表消費者的兩面人生

一個平淡安靜，找尋質樸的禪意世界──靈山小鎮拈花灣；另一個體驗城市經濟發展，五光十色繁華絢麗，多采多姿的世界──超級星；而這兩個極端不同的創意作品，代表了消費者的兩面人生。

繼2014年在上海地鐵口附近成功推出「名品彩食匯美食廣場」後，我們在2015年更是趁勝追擊而接下兩個更大的商場投資開發案，分別是無錫靈山小鎮拈花灣的「花緣廚鄉」，以及旅遊勝地──桂林的「超級星」。

在「花緣廚鄉」的商場設計案裡，我們運用在地元素搭配消費者的消費行為，設計一種獨特的生活體驗，並從飲食、體驗活動，以及相關的文化交流空間，打造出「慢樂活」的「禪微旅」，讓消費者在這裡能靜靜地、慢慢地用心感受出「小旅行」、「輕設

▼「花緣廚鄉」中會變色的
　鳥，意謂心中不同的嚮往。

▲「禪微裱」文創體
　驗美食廣場「花緣
　廚鄉」。

▲文創美食開幕首日，好朋友特地由各地前來向曾瑩玥（中）祝賀。

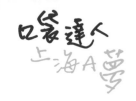

計」、「慢生活」的禪趣和悠閒，並透過實體的文化展示、動手做的文化體驗，深刻去了解當地的人文氣息與傳統，更加深消費者對當地文化的回憶，亦即「越在地，越文創」。

　　另一個在桂林的「超級星」，則是觀察探索大陸年輕人的內心世界，在現今競爭的社會下，人人渴望獨特差異化，希望有朝一日成為明日之星，尤其隨著快速開放的趨勢，每個地方政府更希望與國際接軌，打造地方特色指標，「超級星」就此成為桂林商業上眾所矚目的明日之星。商場匯集了國際化的美食、零售、娛樂休閒、教育……等機能，最重要的是創造場景化空間，不同的消費體驗，無時差的國際時尚接軌，並且開設直播室，自媒體整合行銷，提升產品與延伸服務，集結體驗場景、IP粉絲經濟，跨界跨業整合行

「超級星」跨世代體驗廣場開幕儀式。

銷，創造出「超級星」的無限新價值。

◇奇妙的跨國輔導　超乎常人的理論基礎

中國大陸經濟起飛，開放觀光旅遊，從各地出國旅遊觀光的旅客日益增多，日本這個地區，跟中國有著糾結不清的情結，自然是旅客的首選。

郵輪旅遊是近年來很盛行的旅行模式，適合一家三代出遊。我跟老公都算是桂林人，在輔導桂林「超級星」專案的同時，也受託重

▼賣場中的文創特色商品，展現不一樣的禪意。

▲位於桂林的「超級星」文創體驗時尚廣場，成為地方特色指標。

113

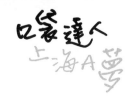

新包裝「桂林米粉」；其中一位企業家，是在日本福岡生活了26年的桂林人，他年輕時就離開故鄉到日本經商，如同我們從小在台灣土生土長，但常聽父親說起家鄉的點點滴滴，對家鄉總有一分既陌生又熟悉的感覺。

我們同是桂林人，當遇見同鄉，說起歷史課本上陳述的總總情境，哪怕是因歷史無奈分隔這麼多年後，也有著「人不親土親」說不出來的特殊情感和信任，又因來自台灣的我們，文創產業的底蘊渾厚，同時非常了解日本文化的精髓，最重要是，多年來，我們到中國大陸落地的經驗值，了解當前中國的消費行為模式；在種種背景契合下，雙方決定展開合作，一場奇妙的跨國文創觀光活動——Kiss九州和食廣場。就這樣，一組台灣團隊和一組大陸團隊，雙方共同在日本福岡境內，服務著大批來自中國各地的遊客，創造出不可限量的旅遊經濟。

而一直從事太陽能環保產業，從未有過餐飲零售經驗的蘇董，憑著對市場的敏銳度，對經濟發展高度的見解，毅然決然跨行跨領域投入藝術及旅遊觀光產業，認為在福岡它是一個朝陽產業，有無比的市場潛力；先掠取佔據大市場，獨創福岡前所未有的商業模式，藝術方面則大量購入日本與中國相關的藝術品，近可在自身投資的高檔料亭作為藝術陳列品，遠可吸引中國的藝術收藏家，畢竟在日本買到真古董的機率比在內地大得多！

旅遊觀光先建立平台，再共同尋找人才，與時俱進、實事求是

▼曾瑩玥（後排左二）策劃舉辦「酷瑪萌」見面粉絲會，現場相當吸睛。

▲中國第一家「酷瑪萌」桂林的家，咖啡零售全體驗。

地改進完善商業模式，讓福岡日本相關同行歎為觀止！而這樣的輔導工作已經不是只有海峽兩岸，我們做到了跨中、台、日三地的文化融合整合工作！如何利用優勢，在中、台、日的微妙關係中找到「牛肉」，大家可以藉由我們的成功案例來一同深思與探討。

◇提高市場敏銳度　創造永續的精神

不斷地抽絲剝繭、隨時重組，跨業、跨界、跨世代的消費生活觀察，並做好資訊的建檔、大數據的整合分析，與時俱進，創造差異化的競爭優勢。在中國大陸，唯一的不變，就是轉變！

堅持自己最內心的執著，想要、敢要，而且我一定要！提高自己對市場的敏銳度，創造永續經營、打不死的小強精神！

▲與福岡團隊共同合作，開啟奇妙的跨國輔導經驗。

◀福岡團隊前來共襄盛舉，參加上海「日本電影節」。

那麼，從原先的單一產業到跨產業整合，又該如何培養市場的敏銳度？一個人想要培養自己對市場的敏銳觀察力，是有先決條件的，同時也是有方法的；這個先決條件，就是「一個人要先對生活有熱情、有溫度，這樣對生活周遭的感受才會深刻，對周遭的觀察也才會細微。至於，培養市場敏銳度的方法，不外乎「多聽」、「多看」、「多想」，以及「多交流」。但，「多看」並不是指多看書籍或多看報導，而是指「多觀察」，也就是「要多走到市場現場去進行觀察，才能發現真正的問題，並挖掘到寶貴的資訊」，因為有些事情光是看報導與看書、看網路資訊是遠遠不夠的，親自體驗感受才是真實的！要特別一提的是，「多觀察」很重要，但「能針對重點來進行觀察」，才能有效率地提高自己對市場的敏銳度。

　　以餐飲業為例，若要培養自己對餐飲業的市場敏銳度，不應該只看餐飲業的業態，而是多看看生活方式的相關業態，譬如：豪宅建案樣品屋、家居生活館、花藝市場、服裝時尚流行趨勢……等種種，因為生活型態是連動的，都會影響消費者的飲食方式和消費行為，以及空間陳設的感

▲參與台協的文創商品展，為兩岸品牌整合行銷平台，此次參與贏得各界好評，還榮獲佳作獎。

受氛圍；簡言之，觀察人和生活有關的相關業種業態，這樣才能強化自己對相關市場的全面了解，同時提升自己對市場的敏銳度，進而找出目標客群的痛點，徹底解決目標客群的問題。

◆與世界接軌的時代：跨界跨領域的人才

一個人生活的廣度，決定他的優秀程度，而一段旅程的開始，正是拓展自己生活廣度的起點。所以，常常給自己一段旅行是必要的，因為它會讓你培養更多的包容力，以及更強大的問題解決能力。當一個人習慣運用不同國家、不同文化、不同地域的在地思維來思考在地問題與觀察生活時，那麼，他將會比那些永遠只用單一思維來思考、觀察問題的人，擁有更敏銳的社會觀察力，同時對於市場的敏銳度和預知未來性，往往也更勝一籌。

身為公司的執行長，我常常期許公司的同仁都能保持對生活的熱情和溫度，同時能保持多元的思維角度來思考問題與觀察事情，進而接納及包容文化差異，圓融、快速、完美地解決問題。

而綜觀兩岸的年輕人：台灣年輕人一直生活在美麗、自由的寶島上，大多活在自己的「小確幸」中，漸漸地，對外界的變化失去熱情和溫度，其實這世界還有許多值得我們去追求、去關懷、去體驗的事，走出去，接受不同的市場挑戰，看看不同的人文觀點，放眼全球，胸懷天下，擁抱世界觀，開拓自己的視野，用雙手、雙腳拓展出自己的路。在這個與世界接軌的時代，我們也需要與世界接

▲無論工作或生活，曾瑩玥（左）和藝
人老公劉爾金都是最佳拍檔。

▶曾瑩玥（右二）和親愛的
家人們，一家感情和睦。

▲曾瑩玥（右一）策劃上海吳兆南相聲劇藝社成立並首演，佳評如潮，成功促進
兩岸表演文化交流。

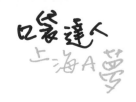

軌。除了留在島內發展外，我衷心建議台灣年輕人能出去外面走走，看看外面的世界有多大、多廣，中國大陸就是其中一個值得試試自己能耐並拓展視野的選項！當你的舞台高度不同時，你所看到的視野就不同，而你的人生也就跟著不同！

反觀在中國大陸成長的年輕人，不只除了有當地的人脈優勢，更重要的是在競爭環境下培養出的競爭企圖心，為了出人頭地，努力學習，在過去的時代背景下生長，學會了堅忍受挫，擁有高度的上進心，不斷前進；所以，整個中國市場環境並非階梯式的發展，而是呈現跳躍式的思考和成長。

勇敢地離開舒適圈、順應世界的潮流，借勢、借力、借氣，才能走向更大、更有挑戰性的舞台，也才有更大的揮灑空間，年輕只有一次，年輕不該留白，勇於接受更大的挑戰，有一天，當年華老去時，人生才會有更多的回憶。

達人箴言

- 別人都要三點不露，我來教你「三點」全露！
  1. 每一個痛點，都是一個「起點」：發現新市場、新業態。
  2. 前進大陸，要先「蹲點」：沈靜觀察，用在地角度，就地取才／財／材。
  3. 斷尾求生、打破重來，找到事業「轉捩點」。

文創體驗商場規劃設計達人

荔堡企業管理顧問執行長　曾瑩玥

❖ **中國經驗**：14 年（台商 14 年）。

❖ **專業強項**：創新整合／連鎖餐飲、文創特色小鎮、商場規劃運營、兩岸相聲表演文化交流策展。

❖ **榮譽亮點**：健康煮連鎖火鍋品牌創始人、拈花灣禪意體驗文創美食、桂林灕江旅遊景區超級星體驗文化廣場、福岡 Kiss 九州和食廣場、上海吳兆南相聲劇藝社成立並首演，兩岸表演文化交流。

❖ **座右銘**：花若盛開，蝴蝶自來；人若精彩，天自安排！

❖ **企業的標語**：唯一的不變，就是轉變。

❖ **達人能提供什麼服務？**

　1. 文化藝術交流對接策展。

　2. 文創特色小鎮規劃。

　3. 連鎖品牌的規劃及建立。

　4. 商品文創化及整合行銷推廣。

使命必達

提升兒童醫療品質的守護者

兒童醫療守護達人／聖瑞醫療總經理

～自我修煉的五要素：
善於分析、勇於決策、智於抉擇、律於言行、速於行動！

聖瑞醫療是上海兒科門診行業的人氣品牌，2004 年成立之際，正是中國經濟起飛，各國企業進入進駐投資的時期，也是孩子們生病了，即使是感冒的症狀，也只能到公立醫院看診的年代。然而，公立醫院門庭若市，繁瑣的看診流程、漫長的排隊等候（排隊掛號→排隊候診→排隊付費→排隊檢驗→排隊拿報告→排隊讀報告→排隊付費→排隊拿藥），過程中，醫生能給到每位病人的時間，卻僅有 2、3 分鐘不到！境外人士對於孩子在這樣的環境看診，既擔心交叉感染，又擔心就診品質，因此，歸屬民營企業的聖瑞醫療因應環境需求而成立了；它是引進國際理念，為孩子提供專業化、人性化、高品質的醫療機構，就診氛圍溫馨富有童趣，緩解了孩子們看病時的緊張害怕，看診空間寬敞舒適，讓孩子們不用再擁擠等候。

　　聖瑞醫療一開始的服務對象從境外人士的孩童為主，經過顧客的口耳相傳、口碑推薦，現在已有過半就診孩童是在地市民的孩子，每年成長維持 20% 以上！而這樣斐然的成果，聖瑞醫療總經理石明玉樂於與大家分享耕耘灌溉的足跡。

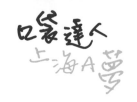

　　1988年的夏天，投入職場的我，成為了「三商行」這個大家庭的一份子，而且這一做，就做了整整12年。一家公司待了十幾年，有可能同一個職務做了十幾年，而我，因為個性和工作表現的關係，每隔一段時間，就有機會擔任不同職務，接受不一樣的職能挑戰，因而得以不斷地提升自己的能力，不斷地豐富自己的工作歷練。

◇第一份工作　12年的磨練與淬鍊

　　1990年，透過升遷考試，我成為公司初階主管；接著，在1993年成為中階主管，負責門市的營運。在這段期間，我負責籌劃全省觀摩店，協辦當季活動說明會以外，亦增加地方媽祖廟添福環節，為公司、為每家門市祈福風調雨順，贏得佳評；之後，便被公司高層轉派各門市據點，亦屢創佳績。

　　1996年，因為工作能力獲得公司肯定而被指派到上海新事業部，負責新專案的培訓事宜。當時大陸市場雖然開放多年，但外派大陸出差的台幹幾

▲ 1996 年底，石明玉剛派到上海，趁著假期去蘇州「拙政園」旅遊留影。

乎都是男性，少見女性；熱愛工作且喜歡挑戰的我，欣然接受了公司外派上海的任務。於是，我得以見證上海的崛起，目睹了上海飛速的發展與變化，更因為外派的機緣而遇見了生命中的另一半，同時為往後的職場發展埋下了伏筆，而這些都不是外派上海前的我所曾想過的事。

回頭看看自己在職場發展的前12年，我很慶幸在年輕時，能夠進入一家大公司，且在進入一個公司時，沒有選擇墨守成規的模式，也沒有跳槽多家公司，而是如同一棵樹般努力在泥土裡扎根，並吸取足夠的養分，然後在每一個枝節滋養延展，在不同的職務裡實踐，樂於不斷尋找磨練自己能力的舞台。

如今盤點自己在這份工作上的成長和收穫，包括：營運管理中的目標設定與資料分析、行銷企劃與執行品質、團隊組建與SOP流程制定、公司章程與績效考核，以及員工培訓與升遷規劃……等等，這些在大企業歷練下所累積的經驗和能力，成為我在人生下一個階段的發展基底，同時也為往後的職場挑戰，儲備了豐厚的能量。

◆積極迎接挑戰　傾力揮灑熱情

對此，我想建議年輕人，初入職場時，不妨可以考慮選擇大企業，因為大企業有其規模和制度，不僅能從制度面一窺企業的面貌，亦能從經營層面學習企業的格局，並且能從大企業裡的眾多人事關係中，培養自己的人際應對技巧，以及累積良好的人脈。還

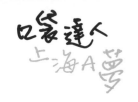

有，切記如果有機會輪調工作職務的話，要儘量去爭取，讓自己從中學習更多的技能，這些都將會成為日後發展的重要基礎。

此外，選擇工作職務時，不要一開始就計算得失，而是應該先訂出自己的目標，接著訂出實現目標的時間表，並在第一階段的時間裡，主動尋找挑戰，積極迎接挑戰。在累積經驗和經歷的過程中，不斷地磨練自己、不斷地提升自己，等待成熟時機，再用豐厚的基底，開創屬於自己的高峰！

傾力揮灑熱情的工作，不管是1年、3年、5年……，在工作中尋找機會與挑戰，趁著年輕，多積累一些實務經驗，真的非常、非常重要，人生沒有不勞而獲的事，當然也沒有白費力氣的事，只要方向對了，加上使用的方法對了，總有一天會抵達自己所設定的目的地！

◆從專職媽媽到公司創辦人

1999年底，我邁向人生的另一個階段：移居東京、結婚生子，成為了專職的媽媽，每日陪孩子們探索這個有趣的世界，經過了3年多的專職媽媽和修身養性的生活後，我的人生又有了新的契機。2004年，由於先生外派大陸的關係，我重返了上海；此時，兩個孩子進入幼稚園，我也開始準備要重回職場。上海的梧桐街景，依舊美得讓人陶醉，不同的是，我已不再是外派上海的台幹了，這一次，要自己出來創業，以平面設計、活動策劃、禮贈品規劃……等

◀石明玉相當愛孩子，有著來自哥哥妹妹的甜蜜力量（2005年12月攝於日本東京上野動物園）。

▲石明玉傾力工作之餘，放鬆壓力的方式之一是賞櫻，一個人或是帶上同事、約上好友，連續幾年去追櫻，累積了上千張的櫻景照片，令她每次翻閱，總是喜悅（2017年4月攝於日本新宿御苑）。

▲自己行「履」匆匆，佇足看著
舟上的恬意，雖然僅有短暫幾
分鐘，心中卻隨之恬靜（2015
年攝於東京千鳥之淵）。

▲一直跟著的背影：哥哥妹妹和爸爸（2016 年 2 月
攝於日本富士河口湖）。

▲ 櫻花盛開僅僅 1 週多的時光，花期短暫，但給賞櫻的
　人帶來永恆美麗的記憶（2016 年 4 月攝於日本京都澱
　山河川公園背割堤岸）。

▼▲為了最佳鏡頭，一早6點抵達取景；工作也是，
想要擁有豐碩的成果，需要付出更多的努力
（2016 年 4 月攝於京都蹴上傾斜鐵道）。

等為主要服務項目，創立了一家希望能與客戶雙贏的廣告公司。

這段時期，中國經濟正在崛起，境外人士帶來全新視野與工作方式，熱情無私的教導分享給本地同事，本地人則因為天時地利，加上人際關係網的優勢，無所畏懼的企圖心搶得先機，成為贏的一方。確實，各行各業正在蓬勃發展，但也有待商道的格局形成！

我的公司曾經有機會接觸到一個大的印刷訂單，客戶相當直白地提出合作條件：毛利的80％（扣除成本後），即毛利10元的話，他拿8元，我們拿2元，衡量管銷成本，我們出人又出力，這樣的條件能接受嗎？很不合算，著實猶豫了一下，不敢馬上答應，對方當下即刻把訂單交給別人做了！這件事情給了我很大的衝擊，毛利儘管很低，我不做，還是有人會做！當時環境就是這樣，專案的窗口只要敢開口、敢拿，他就是最大的獲利者，想做生意，這份謝禮給或不給呢？這是一個市場遊戲沒有規則的時期。

◇價值來自於客戶的肯定與滿意

同期間，也有客戶遇到經銷代理的問題，客戶把經銷權授予其他省分，外地經銷商把銷售價格降到市場訂價的5折，經銷商覺得賺1塊錢、2塊錢……，不管賺多少都是賺，影響品牌形象、破壞品牌市場定價等，不是他該考慮的事。導致之後客戶不得不把代理權收回來，當然過程又是一番糾結了！這是一個經銷觀念、代理觀念有待建立的前期。

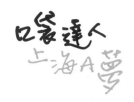
　　也曾接獲訂製禮品的訂單，交付工廠生產，結果因為產品品質不穩定，恐延誤工期，交涉過程又急又怒，忍不住在馬路旁痛哭起來……；哭完後，便直接飛往工廠所在地，針對問題點改進、重新洽談新工廠，面臨高度緊張和壓力，直至產品完成，順利交貨，方才卸下心頭重擔！這是一個大部分工廠的品質與信譽還在建構的階段。

　　關於廣告公司的定位，曾為第一線經理人的我，經常會在與設計師進行設計與業務上的溝通時強調：我們的工作是「傾聽客戶的需求、了解客戶的需要、察覺客戶的亮點」，然後進一步「滿足客戶的需要，將客戶的希望給呈現出來」！「我們的價值，來自於客戶的肯定與滿意！只有客戶覺得對了，我們的價值才能體現」！

▲櫻花樹下漫步思考，除了人生哲理，也有商界道理（2016 年 4 月 於日本京都哲学の道）

　　從2005年到2010年，我們協助一家又一家的中小企業客戶建立品牌形象，進行市場推廣宣傳。然而，在殘酷寫實的商場上，我們不僅看到了成功的企業崛起，也看到許多在市場競爭中退下來的企業。基本上，成功的企業都有相應的特色和符合市場需求的產品，而那些退出市場的企業，有一部分是因為市場對其產品的需求時間點尚未到達，但本身已無力再投入後續經營所需的資金，而被迫無奈離開市場。有些企業則是因為自家的產品或專案不適合這個市場，因而不得不離場。產業供應鏈是息息相關的，因為客戶的變化，我們的業務也開始面臨險峻的挑戰，公司若要好好生存下去，保守還是加碼擴充呢？改變還是不變呢？

◆真好　妳也在上海

　　2004年，我重返上海並創辦廣告公司後，因緣際會地加入了在滬社團「臺灣姐妹俱樂部」（當時名為「移居上海太太俱樂部」），並前後擔任了5屆會長。台灣太太俱樂部的功能，主要是為在滬的台灣太太姊妹們提供一個交流互動的平台，讓新移居的太太們認識新朋友、了解上海新資訊，早日融入新移居的生活。

　　俱樂部成立至今將近15年，原本在台灣互不認識的姊妹們，在上海這個新天地裡相遇相識，這樣的緣分非常難得！歷任會長們、奉獻多年的幹部群們，雖然都是義工性質，但對於每月講座、參觀與戶外活動的重視始終如一，邀約過許多嘉賓蒞臨演講，努力讓

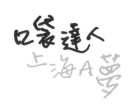

參加的姊妹們都能有所收穫，不論是在活動中或行動裡，團隊的姐妹志工們將「真好，妳也在上海！」的精神發揮到極致。細數多年來，雖然生活因擔任義工而變得更加忙碌，但若能分享自己的經驗，為來自台灣的姊妹們盡一些心力，還是感到非常有意義！

我先後在上海、東京移居過，因此對移居的生活有一些感觸，基於自身的體驗和觀察，想強調的是「移居新生活，一定要積極了解環境、融入環境、廣結善緣，在新環境裡安身，多結交朋友、

▲石明玉（左5）與「臺灣姐妹俱樂部」義工姊妹們經常上演溫馨接送情。

多參加聚會，建立更多人脈，蒐集更多方面的資訊」，這些都是必須用力、用心去做的事，因為這樣不僅能幫助自己更順利地適應新生活，而且也可以為自己未來的無限可能，多開幾道機會之窗。天時、地利、人和，是成功的要素，當移居新生活者擁有這些要素時，那麼，離成功的目標又將更近了！

◆關鍵的一通電話　重返經理人舞台

2011年初，市場繼續演變，上海物價越來越貴，經營成本越來越高，有許多投資失利的台商結束了在大陸的投資。而我也面臨著兩難的抉擇：維持保守？還是要加碼投資？就在我的思緒全都是公司運營的關鍵時刻，意外接到了一通來自上海聖安門診部高層的電話，詢問我：「是否有興趣加入團隊，接受市場行銷的工作？」

細問之下，才知道這通電話的緣起——在上海經營6年的聖安門診部，準備擴充兩個新門診，因而需要增設市場行銷部門，有人認為我很適合，向他們推薦了。……此時的我，再次面臨人生的重大抉擇，怎樣選擇才是較好的方向呢？

評估兒童醫療行業未來的發展後，我決定接受這份工作。進入聖安初期負責市場行銷部門的運作和規劃；10個月後，升任副總經理，負責公司的財務、人事、營運行政事務，建立新的公司規章與薪資結構，先後協助開設聖恩兒科門診部、聖欣門診部，並重新規劃建立公司的集團品牌「聖瑞醫療」、打造CIS系統……，而我過

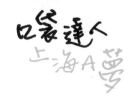

去的經驗積累，在這些項目上，正好得以大大地發揮，並交出實質的成績。

管理與領導，需要全面考量，對內要建立起良好的工作氛圍與互助合作精神，對外要做好醫療服務品質，以及品牌的推廣，這些都是公司運營的重點。回顧2011～2015年底的實際成果，從家長們的信賴和推薦、從逐月成長的新病人數來看，皆證明我們的方向是正確的，病人來源不再只是境外家庭，當本地自費看診的孩童們超過半數，意味著聖瑞醫療在上海兒科行業，已站穩了腳步，儼然成為可信賴的人氣品牌。

◇業績突飛猛進 升任集團總經理

經過5年的全心投入，我獲得了董事長的肯定與信任，2016年1月1日升任總經理。擔任總經理代表著格局寬度與視野高度的提升，我亦有了更大的發揮空間，而肩上的責任也更重了。為了公司發展策略，也為了讓聖瑞醫療集團的優質醫療服務能讓更多孩童受益，我開始領隊擴大聖瑞周邊市場影響力，全力籌備第4家門診部，地點訂在無錫，無錫是一個有經濟實力、重視人文的地方，也是一個令人有期望的地方。

作為無錫當地第一家民營門診部，聖瑞在籌備過程中遇到了許多難題，最主要的因素是：審批單位對門診部的設置過去並無先例，因此有些細項是以醫院級別來規範審核，而上海來說，醫院有

▲石明玉（左四）與上海聖安門診部同仁們。

▲上海聖欣門診部。

▲石明玉（左五）與上海聖恩兒科門診部同仁們。

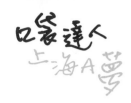
醫院設置規範，門診部有門診部設置規範，門診部的設置以門診部
能做的專案為要求前提。由於兩地規範不同，我們一切重頭開始，
一項一項應對克服。回顧這段歷程，非常感謝當地朋友的鼎力協
助，加上無錫聖瑞員工們的齊心協力，以及集團總部超級優秀的
夥伴們，發揮各自崗位上經驗專長，給予無錫全力的支援與協助；
2017年2月，無錫聖瑞終於正式運營。

▼石明玉（右七）與上海無錫聖瑞門診部同仁們。

▲跟孩子一樣的高度，才能感受到孩子的需求。

▲「聖瑞醫療」預防、保健、治療、康復各階段
皆跟著孩子的視野眺望，陪伴孩子們健康長大。

◀聖瑞醫療建構一個有愛的
醫療門診，對病人感同身
受愛心對待、對同事視同
家人誠摯友愛。

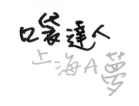

　　儘管聖瑞在上海具有高知名度、高口碑，但走出上海卻是從零開始。無錫聖瑞開幕以來，調整行銷策略，先跟小朋友們做朋友開始，我們透過一系列富有教育資訊的體驗的活動，讓小朋友們了解醫療，例如：「小小西醫體驗」活動，讓小朋友們了解到醫師的診斷工具能為自己做什麼？「小小中醫體驗」活動，讓小朋友對基本的中草藥及藥效有初步的認識；「小小營養師體驗」活動，讓小朋友知道食物的營養成分，如何吃得健康？如何飲食均衡？同時透過新媒介的力量：微博、微信等發佈分享，讓無錫聖瑞的醫療服務品質、溫馨的就診環境有更快的傳播力量，以及更多元的展現方式，呈現在無錫的家長面前。相信在不久的將來，無錫聖瑞將成為無錫地區不可替代的兒童醫療守護者。

◇身為醫院高階經理人　站在資方？還是勞方？

　　有人問我：「醫療是高度競爭的行業，身為醫院的高階經理人，你是站在資方立場，還是勞方立場？」對此，我的想法是：「從事醫療項目，關係到病人安危，唯有勞資雙方合作，才能長期創造病方、勞方、資方三贏的局面。」

　　聖瑞醫療的核心價值是醫療團隊，我們希望透過卓越的醫療團隊來提供病人專業優質的醫療服務，為了實現目標，醫療過程中的每一個環節，如：醫師、藥師、檢驗師、護士、前台客服、收費結算……等等，每一位工作夥伴的貢獻和努力都非常重要，缺一不

可，缺失不得。因此，為了能保持這樣的團隊效能和品質，「紀律＋激勵＋鼓勵＋獎勵＋適時的慰勞＋適時的調薪」，都是組織最佳團隊所需要投注的養分。

此外，資方如果是有愛的、有理念的公司，堅持醫療品質，堅守醫療道德，願意給員工發展機會，願意將公司獲利分享給員工，這些都會成為員工願意留在公司努力奮鬥的關鍵之一。身為集團的總經理，是勞方與資方的橋樑，我的重要職責之一，就是讓公司看到員工們的努力積極和傑出表現，同時讓員工們了解到公司對事業的投入，以及對員工們的重視。是的！唯有當公司與員工的心連在一起時，這個企業才有機會永續發展，也才能屢創佳績，並立於不敗之地。

◇永遠沒有最好　只有更好

民營醫療，經過這幾年的發展，已經是高度競爭的行業，醫院有其征戰、門診部有其挑戰，新的投資者不斷加入、資金不斷湧入！雖然聖瑞醫療已經是上海醫療門診的人氣品牌，但我們依舊戰戰兢兢、步步為營，從西醫到中醫，從小孩到大人，從預防保健到醫療康復，時刻控制品質、時刻提醒自己，「以人為本、將心比心、視病猶親」，為病人提供最佳診斷與治療，克盡醫療門診的責任。

作為一位職場人士，對於進行中的每一件事情，我總自勉「永遠沒有最好，只有更好」。作為一位高階經理人，我也時刻提醒自己要以身作則，做到「善於分析、勇於決策、智於抉擇、律於言

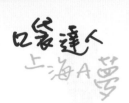

▲「小小中醫體驗活動」讓孩子們認識中國傳統醫療。

▲孩子們認真參與「小小中醫體驗活動」。

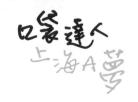
行、速於行動」，同時也做好「挖掘人才、培育人才、留住人才」組建充滿活力與智慧的最佳團隊。

人生匆匆，轉眼間，我的工作生涯已20多年，這些奮戰的歲月裡，所走過的每一步，都力求踏實與用心；所接受的每項任務，都全力以赴，使命必達。或許，這是個性使然，因為我一向樂在工作，是一個樂於從工作中體現自己價值的人。

以上是佔據我人生一大半的工作經驗與分享。每個人都有自己的夢想，以及對自己人生的期許，不論留在台灣、到大陸或到達其他國度，重點是——了解自己的優點、增加自己的優點、善用自己的優點，生活在當下，用智慧和勇氣，不畏困難地朝著夢想努力前進。如此，10年、20年、30年，回首一路走來的歷程，感恩人生際遇中遇到的每一個人之時，還會感謝一位最重要的貴人，那就是——你自己！

達人箴言

- 永遠沒有最好，只有更好。
- 時刻提醒自己以身作則，做到「善於分析、勇於決策、智於抉擇、律於言行、速於行動」。
- 組建充滿活力與智慧的最佳團隊，建立一個有幸福感的公司。
- 了解自己的優點、增加自己的優點、善用自己的優點，生活在當下，用智慧和勇氣，不畏困難，朝著夢想努力前進。

認識達人

兒童醫療守護達人

聖瑞醫療總經理　石明玉

❖ **中國經驗**：13年（台幹2年＋台商5年＋合資企業CEO 6年）。

❖ **專業強項**：營運管理、企劃、培訓。

❖ **座右銘**：善於分析、勇於決策、智於抉擇、律於言行、速於行動！

❖ **自我期許**：帶領團隊──以身作則、嚴以律己、寬以待人；面對挑戰──努力＋堅持＋盡最大努力。

❖ **企業內訓**：醫療是面對「人」的工作，視病猶親，將心比心，感同身受，才能做到有愛的醫療品質。

❖ **經營理念**：專一專注、專業專門、安全安心、關心關懷。

❖ **達人能提供什麼服務？**

　1. 創業就職經驗。

　2. 醫療運營探討。

　3. 聖瑞醫療服務：

　　(1) 西醫：兒科、內科、呼吸消化、耳鼻喉科、皮膚科、兒童生長發育、疫苗接種、兒童入園體檢。

　　(2) 中醫：酸痛理療、整脊、亞健康調理。

　　(3) 國內、外保險直付

　　(4) 可申請台灣健保。

執著初衷

優游咖啡王國品味生活的藝術家

咖啡餐飲達人／瑪利歐咖啡總經理

~願望是一切的開端！

Mario Café 瑪利歐樂活輕食咖啡館（上海朵喜投資管理有限公司）創辦人洪束華，在咖啡領域已有 20 多年的經驗，更擅長連鎖加盟系統之營運輔導、開發作業、培訓作業規劃、市場行銷企劃輔導。1998 年，中國大陸個體經營發達前，洪束華所服務的咖啡連鎖店領先到中國大陸發展推廣，且最早引進專業濾泡式連鎖咖啡店，而身為總指揮的她，以專業的展店速度，快速建立 2 年 40 家店的拓店規模，並熟悉大陸餐飲業之工商營業執照登記、食品衛生營業執照……等各項申請證照的流程，擁有 19 年以上的中國大陸餐飲連鎖營運和品牌營銷總經理經歷，同時具備多家餐飲品牌經營管理團隊組建經驗。

秉持熱愛咖啡的初衷，洪束華總經理在咖啡道上持續行走，她認為，只要具備強烈的願望，就會「看到」辦法，逐步靠近夢想；而強烈的願望，加上信心作為起點，最終一定能夠成功！

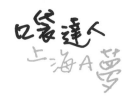
口袋達人
上海A夢

　　喜愛沖泡咖啡時，那近距離的咖啡香，每一杯咖啡，都滿懷誠懇的初心，希望與人分享摯愛的香醇美好。

　　一位來自台灣的年輕女孩，憑藉著這樣的願望，跨海來到上海，不畏陌生環境和強勁對手，在十里洋場搶下連鎖咖啡的灘頭堡，成為兩岸媒體報導的焦點。多年以後，縱使歲月流轉，我仍持續堅持在咖啡道上行走，持續和每位相遇的人分享對咖啡一貫的熱忱，逐步實現最初的願望，成就自己的咖啡餐飲志業，並且有了「咖啡女王」的封號。

▲因為工作與興趣結合，洪束華
　（上圖右二、下圖中）在日系品
　牌咖啡連鎖店工作稱職愉快。

◇異鄉發揮所長　鍾情咖啡產業

　　回憶20年前，1998年，那一年，我所服務的日系品牌咖啡連鎖店登陸上海灘，那時上海的延安高架道路還沒有通車、地鐵僅有1號線，才30出頭的我，跨海來到彼岸，肩負咖啡連鎖店全中國大陸開店拓點總指揮的工作。在知名咖啡連鎖品牌工作10年期間，從基礎店員一路升到店長，進而營運督導、培訓、展店、行銷企劃、策略發展各部門的歷練，全方位的學習，讓自己具備專業和信心，在異鄉盡情發揮所長。

▲洪束華在日系品牌咖啡連鎖店從
　基礎店員一路升到店長。

◀洪束華不僅有實際門市經驗，
　並具備連鎖體系總部行銷企
　劃、培訓講師、後勤資源等各
　部門的資歷。

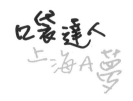

　　被公司外派到一級戰區的上海拓展連鎖經營業務，而餐飲行業的各式營業證照申請和監督部門眾多：工商、稅務、環保、食品監督、消防、公安……等等，都得接觸與兼顧，而這些部門，我們私下稱為「公公、婆婆」，意味著「管很多」，因此，從法規、人脈、跑證……等等，除了開店基本的證照工商流程，管理、培訓、經營、業務、定位……，這些與開店相關的各種事務都得接觸並學習，期間所累積的豐富經驗，亦衍生了自己的一套「開店經」，日後指導同好開咖啡店創業圓夢，陸續協助順利展店數百家。

　　在日式連鎖咖啡店一路攀升，更南征北討拓展全中國市場，原本稱職愉快；然而，到了2009年7月，我決定離開多年的老東家，把握現有時局機會，嘗試隻身闖蕩江湖。這段期間，我以多

▲帶領台灣加盟商赴日本KOHIKAN總店參訪，並學習更多的商業經營訊息。

品牌、多方向來發展，經營過咖啡店、奶茶店、麵館、麵包烘培坊⋯⋯等等，既輔導店家，也創立品牌，表面上看起來亂七八糟，涉獵的範圍相當廣泛，實際上，因為自己也在測試與摸索未來方向和發展領域，所以願意多方嘗試並累積心得。終於，我得到了「靠自有資金經營多家店，等店做大了，面臨同業競相進入市場的衝擊時，若是成長速度和團隊無法跟上，將撐不住門是客戶流量，可能產生不佳的用戶體驗，且多型態的自營店對於剛創業的團隊是較具考驗的」等

▼▶赴日參訪 KOHIKAN 佐倉工廠，並與日本總部國際部部長中村先生合影。

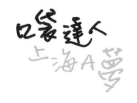

結論，故決心轉回咖啡道上，並鍾情地往下走。

◆找到瑪利歐　找到好咖啡

2012年，我正式創業開店，懷抱理想和目標，找回熱愛咖啡的初衷。於是，Mario Café瑪利歐咖啡誕生了！2年後，我在上海成功開了8家店；不過，由於展店快速，一度也曾面臨資金問題。而當時還沒有像現在創投融資這樣的商業模式出現──只要能提出好的商業企劃案，自然會吸引天使投資人來投資，資金已經不再是個大問題；所以，當時面對銀彈匱乏的現實問題，為了籌集資金，我不得不賣掉一套房子！

「Mario」是「熱咖啡」的意思，我希望自己所開的咖啡店是「一家有溫度的咖啡店」，期待每位到訪的顧客都能在瑪利歐享受到「每一杯好喝的熱咖啡」，「找到瑪利歐，找到好咖啡」，重拾和同好一起分享咖啡香的初衷。

每個人在自己一生的事業裡，都會不斷上演理性與感性的追求，在我的經營理念中，瑪利歐感性的追求是輕食、慢食、快樂的生活：提供讓身體無負擔的輕食、配合時令和產地的慢食，嚴選食材，用當季且健康的料理與顧客交心，體驗自然的味道，放心和開心地享受餐點；理性的訴求則是地點便利、快速供應、價格優惠、服務優良，以及顧客滿意的優質產品。

而瑪利歐的開店定位是趨向以社區經營方式為主，不將門市據

點開在人潮洶湧的市中心鬧區，大多選擇白領上班族聚集的商圈，且店內經營範圍除了常態的咖啡、商務簡餐外，還兼做產地直銷的水果、蔬菜配送或自提，或是商品寄售，使得店內經營形態更加多元化，也獨具特色。

有時候，一杯咖啡，成為暫時歇息的時刻，收拾情緒、沉潛思考，重新啟動、重新出發。因為自己是一位長期從事咖啡行業、愛咖啡的人，希望透過咖啡，傳遞人與人之間的溫情與關懷，分享好喝的咖啡給嗜咖啡人，也希望Mario Café能夠成為每一個人心目中暫時歇息、溫馨交流的好場所，甚至流通資訊、整合資源，進一步創造機會、發展未來。

在瑪利歐，我們提供精緻化、朋友化的服務，期待客戶到了瑪利歐，就像回到自家的客廳和餐廳一樣，自在無拘束，希冀每一個

◀洪束華受訓參加金杯測試順利通過。

▶金杯測試合格結業證書。

153

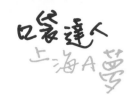

人在每一天，藉咖啡啟動一天的動能，啟動咖啡的美妙人生……。

◇扮演指導教練 樂於助人圓夢

「咖啡館」，據說創始於西元16世紀土耳其的伊斯坦堡，歷史悠久；在許多人開店的選擇上，「開咖啡店」應該稱得上是首選吧？看看滿街林立的咖啡店，答案就呼之欲出了！

我自己實現了開咖啡店的夢想，也樂於幫人圓夢。很多咖啡店會採用加盟連鎖發展模式，自從開始創業以來，也有不少想投資加盟的人找上門來，但多年來看到許多咖啡店的發展，反而覺得單店較能實現創業者的夢想，而且在社群經營上也更具成效。所以，我

▲上海分店開幕，洪束華（左二）展店順利，成果豐碩。

◀才 30 出頭的洪束華，跨海來到上海，肩
負咖啡連鎖店中國大陸開店拓點總指揮的
重責大任。

▲洪束華（左）擔任輔訓店店經理時，與
加盟商攜手共創佳績。

▲洪束華（中）在上海培育的第一批店長。

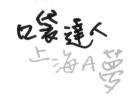
讓自己扮演指導教練，以專業的角度給予有心開咖啡店的業者，從店鋪定位、商品功能表、店鋪裝修風格、培訓教學、營運指導……等等，都依客戶理想和需求，提供客製化開店服務，表現多樣化的咖啡店風貌，各具風情，讓咖啡園地成為多采多姿的夢綺地。

輕食咖啡店算是現今比較流行性的餐飲行業，不過，店家必須要一直保持創新性，得跟上飲食業的流行時尚，且大約2～3年就需要重新裝修，滿足消費者的新鮮感；就算是老店，也要採用現代化裝修素材，階段性發展成2.0或3.0、甚至4.0版，方能滿足消費市場的需求，不被市場淘汰。

而為了要讓更多人了解咖

▲▶洪束華長期進行培訓工作，並
　與員工打成一片。

啡，真正品味咖啡的美好，我也創辦了「咖啡學苑」，用主題教學的方式，讓大眾對於咖啡從產地、採摘、精製、烘培、研磨和沖泡，以及品嚐咖啡；或是從手搖磨豆到握著細口壺，沖入香味滿溢的咖啡粉；還是偷個閒暇片刻，煮一壺冰滴咖啡……等等，都可輕鬆上手。瑪利歐「咖啡學苑」掀起了「手工咖啡復興運動」，感受手沖濾泡咖啡的美味，並邀請咖啡專家分享咖啡之道，引領大眾認識與體驗咖啡的終極品味。

　　「咖啡學苑」由淺入深，都有專業教學課程，並且製作精采影片在網際網路上流傳，還創下不錯的點閱率，不僅結交了許多同我一樣熱愛咖啡的朋友，也讓咖啡自然融入大眾生活中。

▲洪束華經常到各地視察且認真輔導加盟店的業務。

◀連鎖咖啡店常有咖啡名人前來朝聖，1999 年，旅居歐洲的知名咖啡館攝影師和作家張耀（右）也來與洪束華（中）暢談咖啡經。

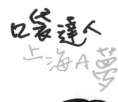

◇創業者贏在觀念　敗在不變

　　創業者和上班族是走在兩條不同的人生道路，上班族縱使有「做一天和尚撞一天鐘」的想法，仍可以在人生道路上打混，創業者就不一樣了，如果不具備三大要點——第一、永遠保持對行業的熱情；第二、是要把所做的事情當成長久的事情來做；第三、創業是一種先想到能利他方法才有機會利己的遊戲規則；否則，將會步上崎嶇坎坷的人生道路。

　　而許多創業者常犯的毛病就是——往往都是一個人低頭拼命往前衝，也不管周圍的人是否跟上？是否認同？猛一回頭，才發現團隊早被自己甩在遠方，方才明白，創業不是獨自蒙眼狂奔，而是必須同時將周圍的員工訓練成可以同一速度奔跑，共赴願景。

　　瑪利歐咖啡總部位在新舊交織、人文薈萃的上海，經營團隊成員每位平均是12年以上、具備連鎖餐飲並投資經營管理經驗，多是願意與我共同實現夢想的好夥伴。

　　創業家有句名言：「自我改變叫重生，被人改變叫淘汰！」若不懂得改變求新，百年企業也有退

出歷史舞台的時刻，錯過了學習，就是錯過了改變，也就錯過了機會！甚至錯過一個生存的機會！切記！人生所有的機會，都是和你在全力以赴的路上相遇！

外在環境變化無窮，應戰應變，日日有新招。中國大陸市場隨著互聯網的全面升級，餐飲行業的商業模式也新穎多變，2012年興起的團購網，實體餐廳成了被網路平台獲取利益的槍手；2015年全面狂風的外賣網，明著幫餐廳服務外送版塊，實際上，實體餐廳也同時被平台架空了。

▲咖啡學苑凝聚了許多同好，也讓咖啡自然融入大眾生活中。

身為餐飲業者，如果原本是屬於人潮較少的店家，可以透過線上App來幫助自己增加訂單的機會；但如果原本的目標客群是喜歡購買中、低價位的產品，那麼，就很可能會因為外賣網和相關App的出現，反而搶走原本的部分客源，因為這群消費者有更了多平價的選擇；反觀，如果你的目標客群是屬於那些十分在意用餐氛圍的消費者，那麼，這些新興的科技應用平台對於你的營收衝擊就相對會小許多。

面對大環境與互聯網商業平台模式的新商業，如何善用互聯網平台的優勢，找到航向餐飲大藍海的新航道，創造出以大資料人工智慧的新型態餐飲？值得業者深思，唯有如此，才能在下一波新科

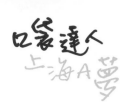

▲瑪利歐是一個充滿咖啡香與溫馨交流的好場所。

▲瑪利歐提供顧客滿意的優質產品。

▲找到瑪利歐，找到好咖啡。

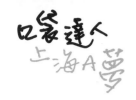
技的市場裡立足。

◇創業體悟深刻分享

在上海20多年的時光，我從高階台幹變成了台商，對於創業和輔導新創團隊按部就班建立自己公司的歷程，亦衍生了許多深刻的創業體悟，在此特別提出來與大眾分享。

體悟一：眼高手低

以往所謂「眼高手低」，指的是那些「空談想法，卻不願彎下腰做事或自身能力跟不上的現象」，意即很多人在談理想時容易講得天花亂墜，但本身卻無法從根本做起，導致執行成效差而無法實現當初的目標。

但在這裡，我想要提出「眼高手低」的新解，係指我們要把眼光放得遠大──「眼高」，但在做事的時候，也要能夠彎得下腰、要能夠捲起袖子，從根本做起才行──「手低」；尤其是創業初期，往往是一片混沌未明的景象，身為創業者，除了要有「眼高」的創業願景外，同時也要具備「手低」的做事態度和工作能耐才行！

體悟二：自我的修煉

創業，是一連串 　　　　　　　　自信與自疑的過程！創
業者，就是對自己和 　　　　　　　　自己的想法有自信才會

MARIO CAFÉ
瑪利歐咖啡

出來創業,但,在創業的過程中往往會遇到許多挑戰和挫折,這時候,伴隨而來的是大量的自我質疑;不過,是指「質疑自己的做事方法與做事態度」,而非懷疑自己的能力!

創業者可能會懷疑自己的做法是否有問題?可能會懷疑自己的點子是否有問題?可能會懷疑自己的判斷是否有問題?可能會懷疑自己的做事態度是否有問題?可能會懷疑……?然而,也唯有自我懷疑過,證實自己是對的,或是找出問題的真正原因並改善之,才能進一步強化自信。換言之,這是一個自我升級的過程,在創業中,自信與自疑是不斷的循環交替;唯有不斷地自疑,才能不斷地強化自信,這也是創業者的自我修煉。從未自疑過的自信,是經不起長期的考驗!

然而,在自信與自疑的過程中,我們要在有方向、有章法且有明確願景和方向的前提下,給予自己足夠試錯的機會與空間,這樣才能進一步釐清問題所在,並證實自己的做法或論點。簡言之,創業者應該讓自己有犯錯的空間和機會,並且必須是在「明確方向的前提下」,所犯的過錯才有意義。

體悟三:懸崖邊的狂歡

創業,不可能永遠 一帆風順,遇到波折與風浪是在所難免 的,然而,有些人

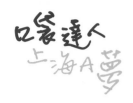

習慣打順風球,當處在順境時,做起事來虎虎生風;一旦處於逆
境,就很容易洩氣而兵敗如山倒,甚至會逃避挫折,不願面對失
敗,或者因此委靡不振;所以,創業者必須要有強健的精神素質才
行,我稱之為「懸崖邊的狂歡能力」。

　　身為創業者,要有一種不畏艱難、百折不撓的精神,同時還要
有隨遇而安的心境與隨機應變的能力,這樣,才能夠在遭逢瓶頸和
打擊時,還能樂觀面對地挑戰,如同位於懸崖邊,卻還能夠樂觀面
對,冷靜思考,化險為夷,轉危為安,若能如此,那麼,你就已經
具備創業者該有的精神素質了!

◇年輕人前進彼岸的準備建議

　　在中國大陸20年,從台幹變台商,兩岸關係在這20年中亦漸行

▲講究「樂活」「輕食」的瑪利歐咖
啡館是附近許多上班族的最愛。

執著初衷
優游咖啡王國品味生活的藝術家

漸近，許多台灣年輕人學習敞開胸懷來看
看這片同文同種的土地，願意跳脫成長的
舒適圈，割捨小確幸的滿足，離鄉背井，
前往異鄉探險，打造自己的未來。那麼，
在踏上中國大陸之前，要準備些什麼呢？
在此，提出一些叮嚀與建議——

一、調出你的狼性

以前有個口號「心繫台灣，胸懷大
陸」，我們深知整個中國大陸市場寬廣無
限，對於很多心懷創業夢想的台灣青年來
說，實在具有很強烈的吸引力，但畢竟自

▲秉持熱愛咖啡的初衷，洪束華與同
好分享摯愛的香醇美好。

▲嚴選食才是瑪莉歐咖啡一貫的
堅持。

165

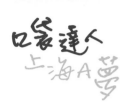

▲洪束華鼓勵年輕人跳脫舒適圈，勇於冒險。

小成長的環境和民族性不同，渴望走出台灣，西進中國大陸的青年們，應該調出「狼性」，積極進取，甚至反守為攻，全力一展長才！

二、抓住機會，尋找人生新起點

用宏觀的視野，遠眺並了解中國大陸的思維，用你聽說的歷史故事，走闖大江南北，同時用同懷的人文地理，放棄「水土不服」的心理障礙，尋找人生新起點。在中國大陸，絕對有充裕的學

▲咖啡學苑凝聚了許多同好，也讓咖啡自然融入大眾生活中。

上海人

上海有一些日本幼教
● 假日我们选择去郊外

市青年
挑战生存探险

汤尼威尔男装之雄

KTV上海"掌柜"

上海之间

Business Times 大陸寫真

一位台灣幹部管理 100 名大陸員工

洪束華「撥一撥，動一動」的管理秘訣

為了要了解員工的背景及思考方式，上海真鍋咖啡副總經理洪束華會利用下班時間到店長家作家庭訪
，透過家庭訪問，更了解店長的人格特質，也加深店長對真鍋的忠誠度及榮譽感。

記者：楊文賢　e-mail：brenda@btimes.com.tw

2001.07.16 > 07.22

封面故事 Cover Story

面对面

FEATURES

读是竞争对手？

2003.06.04 今周刊・52

■「咖啡女王」洪束華是許多媒體報導咖啡專題
　的訪談首選。

167

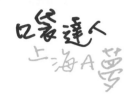

習發展機會，抓住這些機會，保持好奇心和謙虛好學的心態，你將會找到自己的人生新起點。

三、富貴險中求

　　不管你來中國大陸是工作？還是創業？決定離鄉背井，轉戰異地，無非是為了鍛鍊出更好的自己！將自己放入一個高競爭力、重視專業的環境，刺激自己的危機意識，在這種環境的人，永遠不會停止學習，因為競爭激烈，唯有不斷充實自己，才能在眾多高手中脫穎而出，並且持續處於高度競爭的環境中。須知「富貴險中求」，哪有天上掉下來的禮物？也只有在盡全力付出，獲得真正甜美的果實後，才能換得未來安逸的後半段人生啊！

達人箴言

● 創業經驗3點訣：

　1.永遠保持對行業的熱情。

　2.要把所做的事情當成長久的事情來做。

　3.創業，是一種「先想到能利他方法，才有機會利己」的遊戲　規則。

● 給年輕人準備前進中國大陸的叮嚀和建議：

　1.調出你的狼性。

　2.抓住機會，尋找人生新起點。

　3.富貴險中求。

認識達人

咖啡餐飲達人

瑪利歐咖啡總經理　洪束華

❖ **中國經驗**：20 年（台幹 15 年＋台商 5 年）。

❖ **專業強項**：連鎖加盟系統之總部組織功能建立。

❖ **座右銘**：雲淡風輕處，坐看雲起時。

❖ **企業的標語**：找到瑪利歐，找到好咖啡。

❖ **達人能提供什麼服務？**

　　1.專業且實用的咖啡課程。

　　2.實現開咖啡店的夢想。

　　3.連鎖加盟系統之營運輔導、開發作業、培訓作業規劃、市場
　　　行銷企劃輔導。

关注我们
1. 点击右上角按钮→查看官方账号
2. 搜索微信公众账号→玛利欧乐活轻食
3. 搜索微信信号→mario-cafe

推荐和分享
点击右上角按钮→分享到朋友圈
更多快乐源于分享

樂觀堅持

打造餐飲科技一體化的數據家

餐飲科技達人／上海國兆電子科技有限公司

鄭俊彥

～只要待在球場上，就有機會踢進球！

上海國兆電子科技有限公司（GMEGA）成立於 2006 年，除了擁有 11 年豐富的實戰經驗、專業的軟體平台技術，還精通數據整合與分析，早期研發連鎖門市監控、POS、微信等 SaaS 平台系統，近年來致力用數據服務為餐飲業界打造美好未來，秉承熱情、思考、負責、勤奮的企業文化，多年來已協助上百家業者提升門市的營運績效，成為大中華地區餐飲科技業正在崛起的閃亮之星！ 2016 年被上海市政府評為優秀雙軟企業，擁有 15 項知識產權、多項技術儲備，是一家集研發和市場行銷的優質企業。

過去，國兆電子結合監控和 POS 系統來協助業者進行門市管理和金流營運，有效提升門市服務和運營績效，並透過微信等新媒體協助引流和改進用戶體驗；現在，國兆電子進一步研發其餐飲數據平台，整合多維的線上線下數據，提供端對端服務，協助餐飲業者打通全方位數據，包括線上輿情分析和行銷運營，並結合線下客流和金流，進而預測門市未來營收情況，提供金融合作對接；未來，鄭俊彥總經理將繼續以前瞻的眼光，帶領國兆電子進一步結合人工智慧技術來協助業者，並整合餐飲業界上、下游的數據，提供食材供應鏈服務，協助業者致力擴展門市業務，在各處遍地開花！

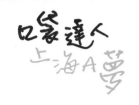

時光匆匆，從當年領高薪的台籍幹部，到不得不賣房接棒的創業者，來到彼岸，已將近20年，而一手創立的國兆電子，如今也邁進了第11個年頭。老婆常說：「當初應該不要創業，遊山玩水，也就不用賣掉那幾間房子，現在都可以退休享受人生了！」每次聽到這些話，表面上，我總是笑笑回應：「沒事，等公司上市了，我們再買回來！」然而，內心卻是百感交集。

◇職涯面臨大轉彎　創業源於不甘心！

回首2006年，當時的我，是台灣裕隆集團國庭科技的中國區總經理，尚在上海財經大學就讀IMBA；那年，在集團助力下，成立了國兆電子，主要目的是研發VOIP路由器，並且在中國大陸市場銷售，而我則負責上海公司的運營發展，以及研發團隊的管理。

公司初期表現亮麗，可惜好景不常，2008年，VOIP市場在軟硬體整合加速的發展下，競爭者激增，毛利大幅下滑，導致公司產品銷售成績不佳，外界資金亦不再持續投入，落得解散清算而結束營運的下場。那時的老闆是一位迄今仍令我感激在心的好上司——曹震博士，接到他結束營運的通知雖在預料之中，但心中依然充滿不捨與無奈；當時，除了體會到科技行業的艱難、研發投入的不易，最大的感慨莫過於當老闆所必須面對的壓力和挑戰，既要背負業績不佳結束營業的後果，亦要面對資遣員工的反應。記得公司結束那天，同仁們一起吃了頓飯，同時派發資遣費，大家相對無言，

眼眶都是紅的；但縱使百般不捨、諸多無奈，也得要開口道別，正視生活上的現實。

後來，透過「獵頭（Headhunting）」談了幾家公司，但我卻沒有非常動心的感覺。過完農曆年，找了幾位老同事喝春酒，大家一方面聊著近況，一方面談著未來的方向；大夥兒高談闊論之際，我的腦海中不斷浮現一些想法：「這樣的結果，你甘心嗎？」、「再度成為上班族，日子雖然安穩，但人生是否將有遺憾？」、「要不要趁機自行創業？或許會闖出一片天？」……。

「我不甘心！」禁不住內心吶喊的聲音，終於，我下定創業的決心！由於年少時期家境清苦，一路求學總是半工半讀，期間亦經常夢想著「未來自己當老闆、賺大錢」，不知不覺中，創業的種子早已潛藏在靈魂深處，只是靜待時機成熟時，萌芽竄出！

取得老婆的同意後，我們出售了兩套房產，一方面向銀行結清了房貸，另一方面湊了幾百萬元人民幣，承接下國兆電子公司，投入網路攝影機的研發。

抓住夢想的起點，從熟悉的領域出發，我放手一搏，馳騁未來，築夢踏實。走上創業路，我沒有多大的抱負和理想，更不是

▲ 2006 年，國兆電子成立後的 36 歲生日。

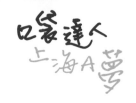
為了改變世界，一切只源於——自己的不甘心！

◆平時積極經營人脈 得到第一筆百萬大單

公司產品研發方向從VOIP路由器轉到網路攝影機，是因為我發現了市場上的需求。由於中國大陸幅員廣大，許多企業各家門市據點很難一併管理到位，監控是就成為很好的方法；但由於頻寬的限制，視頻壓縮技術就變得相當重要，且必須要有平台支援，才能解決管理痛點，而這些都要有很強的技術能力，方能符合連鎖行業的管理需求。

國兆第一個研發成功並申請專利的產品，就是「點對點實時視頻傳輸方法及其傳輸系統」。皇天不負苦心人，2009年底，花了兩年的時間，我們總算推出首批網路視頻產品——IPS-100視頻服務器，可接入協力廠商CCTV攝影機、IPS-200網絡攝影機，可有效達成監控管理的目的。新產品推出後，獲得市場上的認同，客戶訂單陸續增加，逐漸在業界打響名號，直到今天，仍有不少業界同仁或合作

▲ 2008 年，發起心心點燈上財希望小學捐助活動。

夥伴一聽到「國兆電子」，都知曉是由監控管理平台起家的。

尚未自行創業時，我就熱愛交友且深知廣結人脈的重要性，無論是讀財大的同學情誼，或是當初集團企業的關係，都相當珍視且用心經營，並且經常主動去電關懷對方，平日噓寒問暖道早安，節慶假日更少不了問候祝福，就連以前開發的一些國外客戶，迄今仍保持聯繫，情誼長存。

由於平常即與朋友保持良好互動，所以，新產品誕生不久，即前往拜訪裕隆集團凱納爾服飾的文總，他對於我的到訪，也不感到唐突，並且耐心聽完國兆監控平台的簡報，還提了不少問題，充分瞭解其用途與益處。

凱納爾當時代理ARMANI服飾，在中國各地有多家門市，外地門市的管理和失竊頻繁等問題，常令企業主感到頭痛，雖然已經裝置監控系統，但現有系統連網率低、傳輸質量差，全然無法解決問題；而國兆監控平台弭補了原有監視系統的不足，能夠真正解決問題、滿足客戶需求，於是，提案深獲肯定，順利拿下凱納爾全國門市監控安裝的上百萬元人民幣訂單。

這是公司新產品的第一筆百萬元訂單，更是意義非凡！記得簽約當時，公司團隊成員欣喜若狂，我也鬆了一口氣，因為投入的錢已經燒得差不多了，這筆大訂單來得正是時候，彷彿天降甘霖，不僅緩解了當下的財務狀況，亦讓創業之路踏出穩健的第一步，同時挹注持續成長的養分。

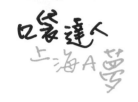

◇冰天雪地難忘體驗 親自上陣完成任務

不過，雖然如願接下訂單，可後續實地執行安裝，才是嚴峻的考驗！除了謹慎的項目規劃，從工廠出貨檢驗到施工安裝管理，整個SOP得在1週內不眠不休地完成，更必須在1個半月內到中國各地上百家門市將監控系統安裝妥當；由於時間臨近春節，執行上更增添不少難度，考驗的不止是系統安裝的進度，還有整個後勤支援的能力。所以，待雙方合約一確認，國兆電子即刻進入全員備戰的狀態，我也親自帶隊，跑遍大江南北，務求使命必達。

在全國門市安裝的過程中，印象最深刻的是2010年1月的那趟哈爾濱之行。當我搭乘火車抵達哈爾濱後，方才體驗到置身冰天雪地的臨場感，凍得直打哆嗦。從小到大，只在學生時期從課本中認識這個寒冷的城市，沒想過自己有一天真的會來到這裡。初見冰城景觀，雖然內心充滿新鮮體驗的喜悅，但緊接著是面對動手做的難題，我們必須在晚上10點、商場營業結束後才能進場，且要在隔天早上8點營業前完成整個系統的佈線和安裝，時間相當緊迫。

小公司人力精簡，當時只有我和一位元工程師兩人前往施工。雖然我有懼高症，但擔心同仁在天花板上的作業安全，只有硬著頭皮自己上場了。當我爬上輕鋼架時，為了加快布線和安裝的速度，脫下了厚重的禦寒外套，僅穿著單薄內衣來作業。結束營業的商場，室內空調已經關閉，溫度是零下負28℃，我凍得手腳發抖、

鼻水直流，卻得快速在6公尺高的天花板中鑽進鑽出，爬上爬下，而且每一移動一步都要小心翼翼，不是害怕自己掉下去，是擔心不小心踩壞天花板。老天保佑，經過徹夜折騰後，早上6點多，我們終於順利結束系統安裝任務，並通過遠端連線，完成工程驗收。接著，我們馬不停蹄地趕搭8點半的火車前往山西太原，繼續下一個安裝任務……。

▲ 2010 年，鄭俊彥（右）參加台協連鎖工委會展覽活動。

◀ 2010 年，到哈爾濱裝機接受挑戰。

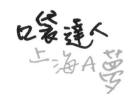

寒冬施工的初體驗，令我畢生難忘，經常回想起來，滿是感慨，卻也燃起鬥志。凱納爾服飾全國上百家門市、近千個攝影鏡頭的安裝，堪稱艱辛的任務，國兆電子能在短短1個半月的時間如期完成，證明我們擁有堅強的實力，以及妥善的準備，有條件在業界站穩腳步。此番經驗亦令人深刻體悟到「創業沒有僥倖，一步一腳印，有志者事竟成」，「唯有平日做好準備，方能隨時迎接每一次挑戰」。

◇為了寫出好劇本　自己下海當演員

為了尋求更多合作商機，我們申請並加入各個協會組織，目前國兆電子是台商同胞投資協會和連銷工委會的成員單位，也是上海連鎖經營協會的理事單位。在人脈連結中，承蒙多位朋友的厚愛，

▲ 2014 年，鄭俊彥（左）在上海和當年北商級任導師胡小娟老師合影。

▲ 2014 年，鄭俊彥受邀至研華科技昆山演講分享。

先後完成不少連鎖門市項目，在凱納爾服飾之後，格上租車、納智傑汽車、元祖食品、天申茗茶、永和大王、都可茶飲、珍奶會所、爭鮮回轉壽司、鬥牛士餐飲……等等知名企業，也都成為國兆電子的客戶。

由於其中多家客戶是餐飲連鎖企業，我在與幾位企業主討論需求時，有了新的想法，認為國兆電子可以協助他們發掘門市需求，解決餐飲業者的痛點；於是，便開始研發POS點餐系統，並把監控和POS結合在一起，以期妥善解決門市管理、異常交易查詢……等問題。

為了做出符合需求的系統，我亦實際參與餐飲實體店面的營運；2011年，投了幾筆錢到一些實體餐飲店，包括：烘培、咖啡、

▲ 2015 年，鄭俊彥（右）和夥伴參加智慧產業創新展。

西餐、中式簡餐……等；當時的想法很簡單，覺得就是把開發的監控和POS應用在門市上，可以就近觀察行業情況，當個參考點。

早期門市是獲利的，後來管理團隊、產品、運營推廣慢慢跟不上，利潤越來越薄，面對持續上漲的各項成本，門市合約到期後，我也陸續結束投資。總結這次投資餐飲門市的經驗，門市設立最優先的考量就是地點，不要相信「開得偏僻仍會有好生意」的店鋪傳說，那不是普遍情況，門市經營和互聯網的邏輯一樣，流量才是王道，地點好，才會有人潮，門市生意也才會興隆。

其次，得針對產品特性，考慮其客群不同的問題，綜合門市的選址方式是商場或是街邊店面？這部分我們可以從線上的輿情評論和點評網站爬取相關數據。比較各項指標，實際去試吃體驗。最後，財務成本要計算清楚，現今多數餐飲業者要面對「四高一低」：租金高、人工高、食材高、水電高而毛利低，所以至少要準備好6個月的現金流。

這次餐飲的投資經驗告訴我，除了管理團隊和產品，餐飲店老闆另外要面對的是行銷引流和擴店資金的問題，這些都要數據來做判斷和說話，於是國兆研發的方向對準了微信平台定制開發，同時為多維數據收集埋下了伏筆。

◆提供微信模組服務　解決數據整合問題

2016年，我們在「阿里雲」已佈署十幾套伺服器，從會員系

統、積分商城、分銷團購到內容電商等，提供客戶多種微信引流模組服務。微信目前已有近10億的月活用戶，是一個非常重要的流量入口，面對這條產品線，我們訂了兩個發展方向——第一是優化客戶的微信服務號：透過更多美工動畫和內容設計，包括UI介面和互動功能，以「品牌＋達人＋音頻」的APP體驗方式，讓用戶耳目一新；第二是定制和連接，我們提供定制化開發，和POS系統廠商、外賣平台、快遞物流、電子發票和電子錢包打通對接，強化微信服務號的升級應用。

隨著與更多的業者互動和討論，國兆深刻體會到餐飲門市需要一個數據整合的公司協作，由於門市據點使用的系統太多、太雜，從開店時的路由器、交換機、監控、POS、微信、新媒體行銷等，一般需要好幾個業者來提供服務，而這些軟、硬體都有自己的平台系統，應該要整合打通，才能符合現今講究數據時代的需求；其中更有很多專業性的問題得要考量，比如：外賣的餐飲收入比例飆高，要自建或接入平台？POS是否已打通協力廠商支付？如何解決外送的高峰期接單？CRM數據如何有效轉化變現？客訴問題和行銷處理？微信的運營方向？……等等，餐飲業未來面對的是資訊化作戰，成為整體方案供應商，才能專業化解決門市的數據整合問題。

◇落實餐飲大數據應用　通往未來成功的契機

解決客戶不來、來了不買、買了不留的問題，就可以高枕無憂了嗎？還有什麼是需要考量的？

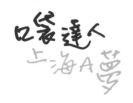

　　2017年初，我們開始做數據整合，把微信和門市的金流、客流，甚至新媒體如：KOL（大咖）、網紅等每次的行銷數據結合，同時和永豐銀行、富邦銀行合作餐飲行業的數據信貸，協助門市取得資金擴展，落實餐飲大數據應用。

　　未來我很看好餐飲S2b2c的商業模式，從食材供應鏈到餐飲門市到用戶端，我們將連接不同的合作夥伴，這是一個很大的協作體系，將會有很多公司的數據來對接，最後整合為隨手可得的行動數據，提供全面化的管理分析，進而提高效率和判斷；而在這裡面會有很多商機，從雲計算、物聯網、大數據到人工智慧應用、真正的互聯網＋，都將大有可為。

▲鄭俊彥（右）於 2016 年參加中國餐飲供應鏈簽訂合作協議。

◀鄭俊彥在東麗上台演說。

　　回顧國兆的發展軌跡，很多事情是環環相扣的，從連鎖行業到細分市場，未來的數據融合和落地，我們一直朝著餐飲數據化的整合和連接發展。小公司沒有資本和「牛人（厲害的人）」，但餐飲在中國這個大市場會有很多發展方向和機會，當下所做的每件事與準備，就是通往未來成功的契機，我相信，「只要待在球場上，就有機會踢進球」！

◇財務危機？　全員減薪和天使融資

　　然而，研發投入是辛苦而巨大的，2012年，公司曾因現金流吃緊而發不出薪水，這段期間，我飽嚐了人情冷暖。身為職場老將，我從未因工作上的問題而煩憂，卻在發不出員工薪水的前幾天，因為極度焦慮與自責，幾度失眠、落淚。但淚水沒辦法決解問題，只得埋首籌錢；但向人開口借錢是痛苦的，每次電話中傳來令我失望訊息的時候，只能樂觀地告訴自己、安慰自己：「沒事，還有人欠的比我多，總會解決的。」

　　正當我感到疲憊不堪之際，生命中的貴人出現了！這位前中磊電子人事經理廖悅君女士及時伸出援手，協助解決那時資金吃緊的問題，迄今仍令我銘感五內，同仁們也能共體時艱，同意薪資減半。在勒緊褲帶、省吃節用地度過半年後，我們在一次展會中爭取到某茶飲公司約300家門市監控和POS訂單，使得業績終有起色，於是當月立即恢復薪資，並且補發先前虧欠的部分。

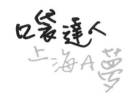

　　對此，非常感謝當初同仁的體諒，而經歷了這件事情，亦意識到資本的重要，後來拜訪前中磊電子副總王和先生、前零壹科技總經理許永偉先生，提出國兆電子增資計畫書，邀請他們成為公司的天使股東，感謝他們同意且一路支持到現在。

　　經歷過財務危機和天使融資，我十分感恩這些生命中的貴人，他們也是我生命中的導師，更真正體會到「天無絕人之路」。同時，我也深深領悟到平常待人處世的重要性，不管是以前或現在的主管和同事，如果自己的表現和人品沒有獲得肯定，那麼，在發生危機時，很可能就不會遇到這些貴人；所以，我常同仁們分享：「當部屬要和領導維持良好關係，當領導也要和部屬關係良好，因為也許哪天，對方將會成為你生命中的貴人！」換句話說，不管是就業或創業，以實力和態度來贏得大家的肯定與信任，也許有一天，人家會在你需要的時候幫你一把。

◆回饋社會不等壯大　傳遞知識提攜後進

　　如果沒有貴人和導師、如果沒有團隊的戰友相挺，那麼，就沒有今天的國兆電子，當然也不會有今天的我；要感謝的人很多，也因為有這些人的協助，才能讓我的創業生涯「關關難過，關關過」。

　　感恩的心，常放心上；除了暗下決心，一定要積極打拼回饋支持我的人，只要有機會、有能力，自己也要成為別人生命中的貴

人和導師，因此，計畫未來要成立天使基金，投資青年創業者，來幫助更多的創業者；此外，更自我期許達到國兆成為上市公司的目標，積極落實對老婆和股東的承諾。個人認為，企業應該把社會責任放在心上，所以我尊敬和推崇能夠力行CSR（企業社會責任）的企業，並且時時告訴自己「不用等公司大了，才來回饋社會」。

　　而在上海的創業過程中，我亦不忘自己來自台灣，經常自豪地分享台灣一切的一切，未來也計畫有機會回學校教書，傳遞創業相關經驗。

　　我常鼓勵台灣年輕人不妨離開家鄉的舒適圈，在能吃苦的年紀，就不要選擇安逸，有機會可到中國大陸就業或創業，中國大陸市場大、機會更多，但挑戰也更劇烈、節奏更明快，生活中的科技應用亦更加進步。由於中國大陸提倡「互聯網+」，技術核心有雲計算、物聯網、大數據到AI人工智慧，商

▲ 2016 年，回台參加台協微才活動並接受採訪。

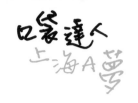

業模式有共享經濟到無人零售；生活中只要有一台手機，就可以搞定任何款項支付，而且可以透過APP叫車、叫外賣、訂票、訂行程……等等，非常方便，在這樣的市場環境，年輕人才能得到更好的舞台和演出機會。

如今，我是兩個機構的創業導師，2017年亦和台灣同胞投資協會回台徵才，同時在公司推廣寒、暑期台灣工讀生專案，儘量提攜故鄉年輕人。期待自己目前是創業家，將來是企業家，最後是慈善家！

◇重視自我學習　轉換創業思維

而不管做任何事情，時間管理是很重要的，寶貴的時間要投入在值得的事物上；對我而言，最值得投入時間的事物，就是學習。在擔任台幹期間，除了投入大量心力在產品的專案開發與管理上，更設法持續精進自己，報讀上海財大IMBA碩士班進修，選擇市場行銷專業，並把所學應用在公司的行銷略中。之後，我趁著每個月去深圳工廠驗貨的時間，繼續報讀上海財大的香港金融博士班，同時擔任財大台灣校友會常務理監事職位，協助兩岸校友活動。

在公司，我亦十分重視同仁的自我學習，利用週會的PPT上台演講分享，以及國兆智庫微信群組，幫助同仁不斷地成長。身為公司的領導人，以身作則，不斷惕勵自新，因為只有以身作則的領導者，才能打造出真正屬於自己的公司文化。

此外，由於學生時代就讀台北商業大學電子資料處理科系，

以及當過程式人員和工程師的經歷，使我對網路軟、硬體有一定的了解，加上曾在台灣上市公司中磊電子、零壹科技任職，學習產品銷售和品牌管道的建立，昔日這些讀書或工作學習的經驗，在在都影響我在創業中的思維，尤其後期對餐飲的投資，更是讓我深刻體會到餐飲門市經營的辛苦，思維也就慢慢地朝者科技和餐飲融

▲ 2015 年，鄭俊彥（中）返台時，特別至北商大拜會張瑞雄校長（左）和桂主任。。

合的方向走，希望真正幫助門市老闆賺到錢；但「夢想很豐滿，現實卻很骨感」，產品和服務沒有銷售出去，就不能變現，所以，商業模式很重要。

　　中國大陸這個餐飲市場雖然巨大，但我認為，要打造出成功品牌，科技化和數據化是基本手段，加上人工智慧是趨勢，透過科技的手段實現數據的累積分析才能達成，在這個思維下，我們希望能打通更多的數據，同時設計的功能模組要能標準化、複製化、傳播化，期望提供一個全方位的營業數據情況，協助管理人員做出各項決策，提升門市據點的營業績效，實現獲利的目標。

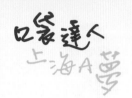

▶ 2017 年中秋聚會，鄭俊彥（左）和台協李政宏會長合影。

▲ 2017 年，鄭俊彥（右）於天津華僑華人創業洽談會參展。

◀2017年，鄭俊彥（左）
攜同富邦銀行參加兩
岸名品展。

▶ 2017 年鄭俊彥至富邦銀行
外灘分行分享金融數據。

▲ 2017 年，鄭俊彥（右二）至政大上海校友會參展。

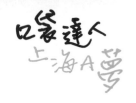

◇透過大數據的力量 推動餐飲業新未來

從早期的監控系統、餐飲POS系統、微信平台，再到營銷服務和大數據。國兆這一個成立10餘年的小公司，如何在競爭中生存，打出一片天？如果專攻其中一項產品，尤其是硬體，小公司可能很快地就被淘汰。由於網際網絡資訊的發達，價格透明化，消費者很容易比較產品價格，唯有專業和服務難以取代，所以現在講究的是用戶體驗；於是，國兆逐漸專注在餐飲數據化，並提供多個產品整合，對接更多合作夥伴的數據來落地。因為慢慢摸索出門道，目前國兆的發展有一種倒吃甘蔗的感覺，未來會持續在餐飲行業深掘，並跨界整合更多合作廠商。

據統計，2017年，中國大陸餐飲收入將達人民幣3.9萬億元，同時擁有581萬家的餐飲門市，年增長數量比率為15.01％；此餐飲數據告知三大重點：一、未來外賣比重會逐漸增加；二、年輕人為消費升級主力；三、資訊化投入會增加；但「四高一低」的壓力會讓快速增長的餐飲業慢下了腳步，也對資訊化提出更高的要求。如何結合門市設備，透過數據做正確運營判斷？當前不少餐飲行業都在加速食飲資訊化管理，建設餐飲服務雲平台，讓顧客直接利用微信、APP點餐，融合線上線下，真正實現餐飲與互聯網的對接，加強競爭優勢。

而在門市運營管理方面，POS收銀機是基本配置，是餐飲資訊

GMEGA
国兆数据

乐观坚持
打造餐饮科技一體化的數據家

▲ BeAGiver 演講創業分享。

【欢迎页】动画音效塑造品牌形象

微信APP体验式服务号
不只有外在又有内涵

有别于以往的微信制式模块功能的简易界面
我们加上了品牌动画设计和内容传播更吸晴

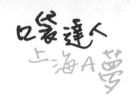

化的「入門級應用」，但在「進銷存」、「CRM會員管理」、「訂貨及配送系統」、「微信營銷」等方面，還有很大的提升空間，這也成為國兆業務發展的契機。

　　中國大陸在餐飲和科技業的發展前景將是巨大而超前的。在未來，智慧餐飲概念會越來越盛行，從門市選址、裝修設計、弱電施工、管理服務、到行銷策劃，每一個環節和數據都環環相扣，透過國兆餐飲大數據平台，必能實現門市的資訊化戰略，讓數據真正的對接與應用，解決餐飲門市引流和擴張的問題。國兆期待結合兩大產業，形成「餐飲科技一體化」，並透過大數據的力量，推動餐飲科技的到來！

 達人箴言

- 在管理好團隊之前，必須先管理好自己；管理好自己之前，必須先管理好時間；而最值得投入的時間，就是學習。
- 只有能以身作則的領導者，才能打造出真正屬於自己的公司文化。
- 感恩的心，要常放在心上；只要有機會有能力，也樂於成為別人生命中的貴人和導師。創業者不用等公司大了，才來回饋社會。
- 年輕人應遠離舒適圈，能吃苦，就不要選擇安逸！

數據服務餐飲科技達人

上海國兆電子科技有限公司總經理　鄭俊彥

❖ **中國經驗**：17 年（台幹 6 年＋台商 11 年）。

❖ **專業強項**：餐飲科技化和數據分析落地。

❖ **座右銘**：樂觀和堅持。

❖ **企業的標語**：熱情、思考、負責、勤奮。

❖ **達人能提供什麼服務？**

1. 提供餐飲行業資訊化的顧問和諮詢。

2. 提供食材供應鏈的合作和對接。

3. 提供微信系統的設計和定制方案。

4. 提供平面媒體和意見領袖、KOL（大咖）宣傳活動。

5. 協助台灣青年申請免費的創業空間等辦公環境。

如果你認同我們的理念，願意一起成長奮鬥，歡迎加入我們，履歷資料請寄：hr@gmega.com.cn

充實人生

編織國際教育夢想的實踐家

補教培訓達人／EET國際教育執行長

~既然存在人世，就要想辦法充實人生！

EET 國際教育（Easy English Training）成立於 2003 年 8 月，是上海地區知名的英語口語教學機構，擁有豐富教學經驗的外教派遣（英語課程解決方案）師資團隊，在上海地區已和多所國際學校合作多年，支援這些國際學校所需要的外派師資，其中日僑國際學校更是合作 10 年以上。

EET 國際教育執行長高家偉，早年跟著被媒體喻為「賺錢之神」的永漢日語創辦人邱永漢先生學習，1998 年擔任永漢日語（上海）副總經理，2003 年自行創業，成立 EET 英會話、日本 HAO 中國語、TOEIC 托業（多益）考試授權中心之 EET 國際教育機構。2007 年，EET 進一步與日本 AEON 教學機構合作 HAO 中國語（上海），專業教授日本人中國語，並在 2009 年成立「EET Kids」加盟品牌，曾在大中華地區的天津、北京、長沙、鄭州、廣州等十多個城市都有合作學校。近年來，EET 國際教育的語言學習課程更是拓展到歐美的戶外營隊活動，其中更與著名的專業加拿大洛磯山國際營隊合作，負責海外遊學服務的推廣宣傳與課程規劃，雙方合作成效豐碩，歷年來亦深受學員好評與肯定。

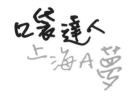

　　24歲的我，才剛成為社會新鮮人，就開「奔馳600」（Mercedes-Benz，賓士）到處跑，不是富二代，而是幫大老闆開車的「司機」，而且一開就是3年半！學校學的是會計，以及現在最夯的大數據（統計），班上同學畢業後就業的地方，不是銀行，就是會計事務所，只有我，看了報紙上寫「儲備幹部」4個大字前往應徵，沒想到實際職務內容卻是當司機，配合老闆的行程，開著名車，載他東奔西跑。為何人生的第一份工作甘願做個司機，而且可以一做那麼久？因為，當時的老闆就是知名的「賺錢之神」永漢日語創辦人邱永漢先生，而那段「司機歲月」，更是截至目前為止，人生中最輕鬆，但也算是見識最多的時光。

◇「司機」3年　賭一個未來

　　「司機」？「儲備幹部」？關於頭銜，端看自己怎麼想、怎麼認知？實際上，在當司機的那段期間，亦不時出現離職的念頭，我至少提過6次，特別是初期，可是，最後一次提出時，卻因為老闆的一句話：「苦毒3年，以後會有機會給我做事！」就再也不曾提過辭呈，並且一路追隨，從司機、董事長秘書，到後來赴上海，任職永漢日語的總經理。

　　事實上，擔任邱先生的司機，不是因為工作辛勞或是介意他人的眼光，才會衍生辭職的念頭，而是感到那個職務極度無聊。因為邱先生每個月只有一週時間待在台灣，除了那週得24小時全天待命外，其他時間就是空坐在辦公室裡；而我的直屬上司是日本人，基

本上不管事，每天早上9點到下午5點，只要我乖乖待在座位上，甚至連卡也不用打。所以，在公司時，我只能看書、無聊發呆，很怕人生就這樣浪費掉了。

由於有諸多時間都泡在書海中，倒是讀到了不少知識；那時候，「PChome」推出了自己組裝電腦的教學期刊雜誌，我便一頭栽進電腦的世界裡，自行看書，學習如何組裝電腦，後來還私下和朋友投資開設電腦補習班，經常下班後，就跑去補習班當老師授課。不過，補習班僅開了1年，就結束營業了；現在想想，專心才是創業最重要的事，想要創業有成，實在沒法兩頭燒兼顧。

而在當司機的那段時間，學到最多的，自然就是怎麼幫老闆開車門？怎麼幫客人提行李？怎麼樣同日本人一樣彎90度腰的鞠躬？這些人生的養分看似卑微無用，卻對我在日後待人處事與交友應對上，都產生了極大的影響。知名作家吳淡如曾說：「人生沒有用不到的經歷！」個人頗為認同，這句話亦成為我最喜歡的座右銘之一。

在當了3年半的司機後，邱先生兌現了承諾，將我升格為董事長秘書，跟在他身邊貼身學習。在擔任董事長秘書2年的期間，我負責處理邱先生的行政事務、參與媒體跟企

▲ 20年前第一次創業，開設電腦補習班。

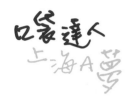
業家的每月訪談、聯繫與陪同邱先生至中國大陸出差、協助帶日人
團兩岸參訪，以及其他公務處理……等等；所謂「站在巨人的肩膀
上」，能夠在邱先生身旁學習，使我看到了更遠大的視野，也擁有
了更寬廣的格局。

　　1998年的秋天，在老闆指示下，我單槍匹馬前往上海開設日語補習
班，首家地點位於浦東陸家嘴；那時候，浦西到浦東還是需要支付過橋
費的年代，可想而知，浦東是個尚待開發的地方。要在這晚上7、8
點大街上就看不到路人的地方開設日語補習班，真不知道老闆是怎
麼想的？唯一的原因就是那時老闆在浦東大道上的辦公大樓入住率
很低，補習班需要的面積又不小，所以，利用自己租用讓投資辦公
大樓的業主可以得到些許的租金回報，同時也能增加人氣，這就是

▲ 1996 年，高家偉（右）陪同「賺錢之神」邱永漢先生至大陸考察。

▲高家偉（中）陪同邱永漢先生視察溫州行李箱工廠。

邱先生深謀遠慮之處；日後回想起來，企業家的格局和遠見，真的超乎一般人，可說在20多年前就已經預測到中國大陸的未來。

◇狼性？儒性？適者生存！

懷抱著更大的夢想，以及企圖心，2003年，我毅然離開了長久跟隨的邱先生，自行在上海創業。當時非常喜歡「人類因夢想而偉大」這句話，還特別去求了一副字畫，把這句話高掛在辦公室牆上，提醒自己，也告訴同仁，這是創業的初心，也是企業的願景。而創業迄今，遑論歷經幾番起落，仍一直將這句話銘記在心。

曾經和某知名辦公傢俱董事長餐敘，適逢事業低潮期，席間，他用台語形容我是「生意仔」，那時候不懂企業大老為何口出此言？直到經過多年歷練，不斷跌倒、不斷爬起、不斷嘗試，才慢慢體悟到這句話的含意；自己的解讀是──為了企業的生存，用盡方法，從創業的酸甜苦辣中、積累果實的過程裡，箇中體驗都轉換成自己的成就感，這才是最美的、也是最大的收穫。

常聽人言：「中國大陸人具有狼性，台灣人去了，一定會被欺負！」當然，也有人向我詢問求證過，但碰到這樣的問題，有時候還真不知道該如何回答？只能說「學習、調整、適應」！也因為兩岸文化的不同、思維的差異，「台巴子」，成為早期來中國大陸的台灣人被當地人所取的外號，意思是「來自台灣的鄉巴佬」。很多台商（台幹）到了中國大陸吃盡了苦頭，我能給予的建議是──先

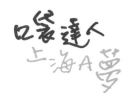
交朋友,特別是多結交一些當地朋友,就多一些幫助,在許多事情上也會有意想不到的順利。

「學習、調整、適應」,這是我家在中國大陸一路過來不停在做的事,對大人來說也許容易,但對孩子呢?很多台灣朋友是攜家帶眷過來的,從小學習的都是「溫、良、恭、儉、讓」,排隊更是從小就會養成的習慣;但到了中國大陸,有時遇到一些和昔日教育背道而馳的狀況,還不知道該怎麼教導孩子?我們對3個孩子在這方面的教導,最常使用的方法是——讓孩子自己去知名速食店買東西,剛開始,他們排隊買漢堡,因為不斷被插隊,等了10幾分鐘,買都買不到;之後為要求他們無論如何都要想方設法買到,於是,他們開始會找方法,例如:大聲去請大家排隊等等,從中培養出勇氣和解決問題的能力。

▲ 2017 年,大女兒 Sunny 出版《無懼的 19 歲》一書,高家偉(左一)夫妻和 Sunny 開心與出版社人員合影留念。

◇為人民服務？還是為人民幣服務？

　　早期以台幹身分到中國大陸任職，會買房、想買房的人並不多，而一般台幹住的都是環境較好的外銷房，房屋租金並不低，所以，我興起了「用向公司申請的住房補貼費支付買房貸款」的念頭。當時在浦東小陸家嘴區域的30層高樓大廈不是很多，因為想要儘快融入上海地區的文化，我一直維持閱讀中國大陸當地報紙的習慣；記得那時候每天會讀的是「新民晚報」和「申江導報」。在一次閱報時，意外地看到自己住居的小區有房子被法拍的公告，因此擁有在中國大陸購買法拍房的經驗；1999年，在中國大陸以法拍買房的台灣人，我應該算是最早的吧?!

　　在中國大陸賺錢，每個月拿到的工資是人民幣，所以都會自嘲地表示「我是為人民幣服務」；創業後，則從打工賺人民幣的角色轉變為每個月要支付員工薪資，變成「為人民服務」。當資金快軋不過來時，為了要堅持創業夢想，決定將獲利最快、最高的房子賣掉來支撐公司的運轉，就真的完全是「為人民幣服務」了！箇中去捨與滋味，只能說「如人飲水，冷暖自知」。

　　而隨著創業過程的波折起伏，這些年來，我陸續賣掉了3間房子，總價值加起來少說也有新台幣4,000多萬元！常有朋友以稱讚的口氣佩服我那麼多年的「堅持」！有時聽了只能在心中苦笑，真不知道，如果不「堅持」或是不懂「堅持」，當初不賣房，也許現在的收入會比創業的收入來得更大吧？

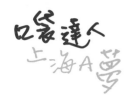

◇一個習慣、一張名片 成就自己

迄今，只有做過 兩份工作——一份就是「做職員」領薪水，另一份就是「當老闆」發薪水。在做職員時，從司機、秘書、赴上海任副總經理，由於所屬公司是日系管理模式，在那10年中，公司每年都會發給我1本年曆手帖，也就是年度記事本。在邱先生身邊的日子，因為經常目睹他將事情全部記錄在記事本上，視老闆為學習榜樣的我，也開始跟著仿效，自己每天都會在記事本上做些簡單的工作紀錄，多年來不曾間斷過，而往昔一些舊的記事本至今也都還完整地保存著。這樣的習慣養成，讓我日後在處理事件時，可以查閱先前的紀錄而做出更妥善的安排，即使在現代已不再使用記事本而改用手機等3C產品，依然保持每日記錄管理的好習慣。

▲養成每日管理記錄的好習慣，或許哪天將帶來意外收穫。

▲高家偉（左）與藝人好友劉爾金參與台灣「印象彩蝶故鄉志工」活動。

而邱先生每年都會有幾次

帶領日本企業家到中國大陸考察、參訪的行程，儘管邱先生的年紀都已過80歲，對這考察活動他還是樂此不疲，那段時間參訪中國大陸的企業大多是有名的大公司，如：「報喜鳥」、「紅蜻蜓」……等，也有「中芯國際」等台資企業，當時我都把跟著邱先生去考察、參訪時的名片整理歸納，保留了下來。

記得在初創業時期，在上海的張江高科一家培訓中心剛開始招生非常順利，也許是樹大招風，有天，突然給了一個很奇怪的理由，來了封律師函，要物業公司停止租借給我們。看著對方發出的律師函，所有人都覺得無力回天，不知該如何是好？但「老天給你關了一扇門，必會為你開另一扇窗」，我想起過去曾和邱先生參訪過其物業公司的關係企業「中芯國際」，便立即找出那時和張汝京董事長交換的名片，在深夜寫了一封郵件，按照名片上的郵箱發出去。

原本不抱太多希望，沒想到第二天清晨，即收到董事長秘書的回覆郵件，給我一個機會去做說明，最後提供一處新的場地，讓我們繼續經營辦學，藉此機會再次感謝張汝京先生。人生的貴人往往都是在不經意處出現，現在也許因為社交軟體的盛行，名片也許沒有那麼重要，但在年輕時候養成的交換名片、整理名片，重要事情立即記錄在年度記事本裡，這些從年輕時養成的好習慣，你永遠不知道哪天會帶來驚喜！

◇要比「氣長」還是要比「氣粗」？

同樣是補教事業，中國大陸與台灣的補教生態卻是迥然不同！

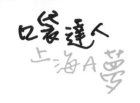

　　首先，補教業在台灣叫「補習班」，補習班經營者叫做「老闆」或是「班主任」；但中國大陸地區卻稱為「進修學校」或是「培訓中心」，學校的經營者就被稱做「校長」，甚至如果和當地人合作，有時候對方會幫你拉抬頭銜，稱呼為「總裁」。我因為在中國大陸各地做過加盟授權，所以結交了各地不同的朋友，自然有過的頭銜就一個比一大，「校長」是家常便飯的稱呼，不過搞到最後，還是自嘲「笑長」比較合適我。

　　創業多年來，經歷了幾次的跌倒、再站起來的經驗，一直在思考一件事——做企業到底是求「氣長」？還是求「氣粗」？每次跌倒，我總會找些理由來解釋，也許是方針出錯、也許是時機不好，或是運氣不濟？……，最後總選擇了「氣長」，至少存活下來，「留得青山在，不怕沒柴燒」；但這麼多年的中國大陸經驗，我看到的是，碰上經濟的大躍進，很多企業都是求「氣粗」，而且越做越大。

　　還記得，在碰到一次中國大陸政策急轉彎，不得不拿著房產證去私人借貸公司借款時，錢莊的經理看了看，問：「某培訓學校的高老闆和你是什麼關係？」我心裡不安地說：「為何這樣問？」錢莊的經理說：「這家培訓公司的老闆和你同姓，也在同一大樓開培訓中心，上個月才剛拿房產證借了60萬。」天啊！當下起了一身雞皮疙瘩，那家培訓學校的知名度及規模都是我的公司的好幾倍，因為那年的中國大陸放貸緊縮政策，所以做老闆的只能靠這種方式來

支撐學校的運轉；可是，如果營運出了問題，大家都靠著借貸的資金來做運轉，那這培訓生意還能做嗎？

　　最後，我轉向長輩們借款，並以求「氣長」的思維去處理，將裝修氣派的進修學校縮小為1/3，這樣租金可以省去很多，把4家直營校整理後，關掉3家，人員裁退3/4，只保留可以運作的最小模式來營運，其實這已經走向了無法和市場競爭的模式，只求公司延續生存；而那位同業去借貸後，則是採取維持現有的規模，再去尋求各式的資金來源，聽說這家學校大氣地撐到最後，反而募集到一筆大額資金，讓企業重新再站起來。

　　而兩岸文化的差異會影響台商的思維模式，進而影響台商的決策，更進一步影響在中國大陸做生意的成交率。這是什麼意思呢？舉例而言，在中國大陸地區，上從富豪老闆，下從民間平民，大部分的人都非常在意門面，也就是非常在意外在的形象。如果是第一次見面，而對方又不認識的狀況之下，其穿著、使用的手機或是帶著的手錶常常會被對方注視著。而當兩個人都是第一次參與商務會面，如果二人的談吐相似，但一個人是開進口名車、穿著時尚正式，另一個人則是開著廉價國產車、穿著平凡普通，請問您覺得哪一個人比較有機會爭取到訂單呢？哪一個人會被認為是較具誠意呢？來自台灣的初期創業者，往往比較不會在意外在的物質表象，然而，殊不知來到中國大陸地區就必須用當地人的思維來做生意，如此才更有機會成交！當然，這只是比例上的問題，也不是100%的

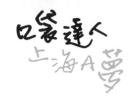

人都在意表象的。

所以，究竟是要比「氣長」？還是要比「氣粗」？在此，並沒有明確的答案，「氣長」，你可以留住一些本錢，持續經營再壯大；「氣粗」，則要幸運遇上伯樂，否則有可能成為「台流」。我只是想藉機說明：必須用在地的思維來思考問題，這樣才能更清楚看見問題的癥結，而這也是我繳了不少學費後的心得！

◇面臨人生低潮 屋漏偏逢連夜雨

很多朋友問：為何跌倒那麼多次不嘗試轉做其他行業？我只能笑著回答：「我只會做擦玻璃的工作，其他什麼都不會！」

記得在2006年和台灣一家知名的遊學公司合作，我們應該算是最早在中國大陸推廣海外的遊學營隊的機構之一，那一年的招生算是非常不錯，但怎麼也沒想到，那一年竟然賠了人民幣幾十萬元！遊學行業現在是中國大陸最熱門的行業，在10多年前，這門生意雖然不是那麼容易推廣，但明明招到了60多位學生報名遊學，算是業績頗佳，照理說應該收入甚好，怎麼還會搞到賠錢？自己一直反省其中主要原因為何？正確答案是「匯率」！因為那一年碰上紐西蘭貨幣匯率波動變化太大，結果匯差就把利潤都吃掉了！這一次慘痛的經驗，讓我額外學到了一門重要的功課。

海外遊學營隊慘賠，加上本業經營的補習班的生意不巧又碰到同業倒閉的影響，幾乎沒有任何收入，真的是屋漏偏逢連夜雨，

差不多瀕臨破產的局面；且在當下，竟然還傳來一個雪上加霜的消息：一位在中國大陸聘請的上海校長、私交甚篤的合作好夥伴，竟然在去美國移民的途中往生了！處於人生低潮，就這樣，我一個人坐在餐廳裡面，淚流不止，怎麼樣也無法接受現狀，一直反覆的問自己：「到底是哪裡做錯了？」

但為了所愛的家人，我只能擦乾眼淚，重新站起，繼續在創業路上拼搏……。

◇萬里路勝萬卷書　讓孩子培養勇氣

公司之所以會推廣海外遊留學營隊，部分原因也是為了孩子。我有3個小孩，除了學校課業，以及個人興趣發展外，我都會鼓勵他們多去世界看看，這世界很大，很多是書本上看不到的、是網絡

▲海外遊學營隊是培養孩子勇氣的好方法。

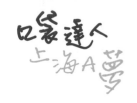

查不到的，尤其是人與人之間的交流，有機會一定要去走走看看，「行萬里路勝讀萬卷書」，而且遊學或是留學是鍛鍊自己勇氣最好的方法。

自己親自帶團一次，就愛上這個行業，姑且不論賺錢與否，在每次的帶領過程中，看到孩子們可以藉由在國外的各項體驗，擁有各種不同的感受、不同的想法，回來後可以和家人分享，就覺得這是很有意義的一件事，因為我認為讓孩子出國遊學看世界，就是一個培養勇氣最好的方法！

外國的天空比較藍？外國自來水打開可以生飲，城市競賽遊戲讓孩子們去和外國人問路，還有挨家挨戶敲門體驗「Paper Clip」遊

▲擔任實踐大學境外實習指導老師。

戲，這些活動都可以激發孩子們的勇氣；當我們帶領的營隊讓孩子們自己拿著登機牌還有護照，通過安檢時，就代表著自己要對自己負責的開始，這樣的遊學體驗勝過硬式教育的學習。

我也衷心建議年輕朋友們，有機會一定要來上海體驗一下。現在的上海是和全世界競爭的國際大都市，世界各國一流的企業都在中國大陸設立公司，尤其是

上海據點，來這裡就是去體驗、去了解、去感受這樣的國際氛圍，和全世界的人在這個大舞台交流，是相當棒的一件事，只要擁有這段經驗和歷練，相信回到台灣之後，很多事情都再也難不倒你了。

個人認為，大陸的年輕人敢做夢、有自信，且學習力、企圖心強，這是值得台灣年輕人學習的。台灣比較重理論基礎，中國大陸則重實務經驗，有中國大陸經驗，就可以打通任督二脈。

◆創業五部曲之一：做想做的～做不到

回想1998年時，被派來上海開辦日語培訓學校，剛來的時候懷抱理想，充滿願景，很多企劃都想去做，沒想到，想做的都做不到，因為在中國大陸沒辦法用台灣的思維去處理事情，最好玩的就是，常常交辦事務給同仁，同仁的回答都是「沒問題」，但事後總是一大堆問題，心裡就納悶：「不是交辦時候回答沒問題嗎？怎麼處理下來一大堆問題呢？」後來才曉得，這「沒問題」是接下工作沒問題，不是整個處理事務沒問題。看事情的角度、思維的方式，一開始就令人頭痛。

還有其中一件最難的，就是培訓執照的取得，以及外國專家證照的取得（這張證照一般機構幾乎是

▲上海社會力量辦學校長培訓證書。

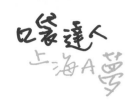
無法取得的），至今仍然有很多機構無法取得合法的辦學許可證，導致許多同業辦學採用「擦邊球」方式，以「教育諮詢公司」一證走天下，但終究不是長久之計，這也算是創業者的一個功課。

每次講到這裡，都很感懷曾經在這方面幫助過我的朋友，因為有了他們的協助，才能夠辦理並取得多張執照，以及兩張外國專家證照。因此，我常和朋友分享，在中國大陸創業時，一般來說，做想做的都很難做到，通常是要經歷不斷地修正調整，最後才能如願以償。

◆創業五部曲之二：躲想躲的～躲不了

一次聚會問到同是本書作者的兒童藝術美學達人宗賢：「創業路上有發不出薪水的時候嗎？發不出薪水怎麼辦？想躲起來嗎？怎麼躲？」……但無論今天怎麼躲，明天終究

▼參加上海 104 BeAGiver 演講活動。

還是要面對，創業時，想躲的，通通躲不了！

　　既然躲不了，遇到問題和壓力該怎麼辦？創業路上又會經歷過多少問題和壓力？我曾開玩笑地和書中達人們分享，遇到壓力時曾經蹲在自己的桌子底下，不敢讓同事知道，只能說在找東西，其實心裡正在深度思考「到底是哪裡出錯」？然後靜靜地蹲在桌下去思考整理出壓力的解決點。

　　這些創業一路來所遇到的問題，讓我學習到如何在面臨危機時妥善處理事情，並且調整心態、面對事情，而箇中酸甜苦辣，都是人生最好的養分，體驗了、調整了，這段經驗就會變成最有價值的人生閱歷。

◇創業五部曲之三：成就他人～成就自己

　　公司曾經在轉型調整時，開放業者加盟，且每一個合作的學校都是我親自陪同業者去找點、開設的，也因為這樣，有機會跑遍大江南北，同時體驗了各地的風俗民情。中國大陸地大物博，每一處都有令人驚喜的地方，像是去蒙古包頭開校時，體驗到當地的飲酒文化，餐桌上每位都要有祝酒詞，還要能隨意的高歌一曲，這是令人相當難忘的經驗；到了河南鄭州，早餐則是要來碗當地人都喜愛和知曉的「胡辣湯」；我還去過曾被報導中國大陸人均GDP最高的城市——以羊絨聞名的內蒙古鄂爾多斯，開設過培訓學校，體驗當地驚人的進步與繁華。

雖然許多加盟業者到了後來，雖然持續營業，卻沒有再支付費用給我，但這些加盟業者每年依然會來探訪，也一直以「老師」來稱呼我，曾有朋友因此抱不平，但我總想著：「多交朋友比樹敵好多了」，所以也不願計較，大方成就了這些夥伴，讓他們在自己的事業上有所成長，這也算是「利他」吧！

而創業一路走來，公司培養的同事和職員去去留留；雖說培養員工需要不少花費，但仍是需要持續的，每次好不容易培養出優秀的幹部，後來卻因為某些原因要離職，心中總有諸多不捨與惋惜，但還是要以正面思考來看待，祝福他們前途無量。有人會覺得培養好員工卻留不住是「力量的分散」，但我卻認為這是「力量的擴散」，這些同事在公司能夠有所學習，也會將企業好的理念分享出去，發揮了更大的影響力。

尤其公司在做加盟推廣時，竟然還有之前離職的同仁和之前合作的加盟業者介紹朋友來加盟，這樣的情形也從利他轉變為利己，亦是「成就他人，也成就了自己」的最好範例。

◆創業五部曲之四：人棄我取、人取我棄

分析目前再度站起打拼累積出來的成果，是因為自己做別人不做的、做最難做到的、做利潤最少的，唯有如此，才能在一片補教培訓的紅海中，找到屬於自己的藍海；公司將外籍教師派遣的業務經營出口碑，慢慢地在補教培訓業界站穩腳步。試想，在以外籍教師為主的培訓市場，自己開班可以賺60％以上的毛利，但需要花費

　　大量的行銷費用，還需要租賃場地、大量的人事成本……等等費用，但還是比毛利只能做15％的外籍教師派遣業務來得好，所以願意做的培訓機構就不多，如此可以減少很多同業競爭，也可以降低許多行銷成本，只要做好服務，建立好口碑，就可以讓公司持續經營。

　　調整後的公司，現在以「外教派遣」為最主要的業務，也算是高階的人力銀行，而這些年來，由於中國大陸的經濟快速發展，需要派遣的業務量越來越多，外教派遣英語解決方案，反倒成為時下補教培訓業界最夯的一個新模式，在這方面起步較早的我們，轉而變成業界指標。

◇創業五部曲之五：學無止境～旭日依舊東昇

　　個人認為，創業者最重要的，就是不斷充實自我，保持學習的

▲ EET 英會話外籍教師群，深獲好評與肯定。

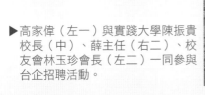

▶高家偉（左一）與實踐大學陳振貴校長（中）、薛主任（右二）、校友會林玉珍會長（左二）一同參與台企招聘活動。

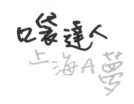

▲高家偉（右三）學無止境，參加「CPC生產力中心」的經管顧問師課程。

熱忱。我時常掌握與珍惜進修的機會，目前在台灣「CPC生產力中心」參加了「經營管理顧問師班」的課程，真正成為「兩岸一日生活圈」的實踐者，每週五搭乘飛機從上海到台北，就為了上每週六、日整日自我進修的課程；而此課程的內容從企業的經營管理、問題分析、戰略規劃，還有時下最夯的文創產業顧問師課程……等等；我常對人開玩笑表示，這些課程仔細看看，就是自己經營企業時所用的「白話文」，透過學習，轉化為有價值理論的「文言文」。

學無止境，人生能不斷地學習，就擁有最大的幸福，我也是經常鼓勵並將個人體會分享給周遭的朋友，衷心希望藉由課程的學習，並將中國大陸近20年來的經歷整理轉換為有用的價值，分享有意前進中國大陸的朋友們。

只要保持學習熱忱，態度積極進取，懷抱使命，邁向願景，相信在創業路上，你會如同大文豪海明威（Ernest Hemingway）的名著《旭日依舊東昇》（The Sun Also Rises，又譯《姜似朝陽又照君》），永遠迎接美麗朝陽。

◆活在當下 勇往直前

而每年，我都會設定一個運動目標，讓自己去努力達成。之前

聽說台灣人一生必做3件事——自行車車環台、泳渡日月潭、攀登玉山，我很高興自己能在50歲前完成這些事。

2014年，一時興起報名參加了自行車環島的行程，9天960公里的行程，對不是運動愛好者的我，還真有些挑戰，在那麼多天的騎行，雙腳不斷地踩著踏板，雙手握著握把，像是自我冥想，其實是個自我修煉的好方法。

在每天100多公里的路程中，大夥都會有 6 段的集體休息，每次的休息後，領隊都會帶領大家喊著口號，剛開始的時候覺得喊口號只是一個活動噱頭，總是心不甘情不願地跟著喊；但在第3天後，每次呼喊口號就變得越喊越大聲，不管腳有多酸、屁股有多痛，彷彿魔法一般，喊完口號，就如同吃了大補丸，又可以繼續撐下去，全力以赴。而這一次次的呼喊，讓我領悟到「相信就是力量」，也常在日後以此為借鏡。

泳渡日月潭，也和女兒一同完成了；至於攀登玉山，亦在2017年完成了。我從

▲攀登玉山～看遠方、看世界、看自己。

◀2016 年，與二女兒 Amy 泳渡日月潭。

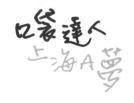

這些活動中領悟到許多，深深感受到任何事情都需要去尋找方法，不論是一次次的挑戰失敗，不論是事業的高低起伏，還是是人生的悲歡離合，那些終將會過去，「旭日依舊東昇」，活在當下，勇往直前，這才是人生最重要的事。

　　創業不一定要專業，但一定要專心，沒有一個行業是專業才能做得到，但專心就一定做得到！培養自我專心的本能，用心去感受專心的過程，讓自己產生熱情和激情，甚至旺盛的企圖心。最後，提醒年輕朋友們，做事的方式不要只是「做完就算」的句號，要做就要做「令人讚賞」的驚嘆號；這樣的人生，才會充實豐富、繽紛多彩！

達人箴言

一、做想做的～做不到

　　要經歷不斷的修正調整才能如願。

二、躲想躲的～躲不了

　　所有經驗都是人生最好的養分，體驗了、調整了，就會產生最佳價值。

三、成就他人～成就自己

　　多交朋友勝於樹敵，利他亦將利己。

四、人棄我取、人取我棄

　　找到屬於自己的藍海，才能在紅海中生存並且突破。

五、願景、使命 旭日依舊東昇

　　學無止境，懷抱願景和使命，永如旭日東昇般挹注新生。

補教培訓達人
八才國際教育執行長　高家偉

❖ **中國經驗**：20 年（台幹 5 年＋台商 15 年）。

❖ **專業強項**：教育培訓規劃、海外遊學留學顧問、CPC 經管顧問師。

❖ **座右銘**：既然存在人世，就要想辦法充實人生。

❖ **企業的標語**：人類因夢想而偉大。

❖ **達人能提供什麼服務？**

1. 連鎖加盟輔導。
2. 品牌建立。
3. 行銷策略規劃及市場拓展。
4. 提供各大學產學合作，創業、創意課程授課，以及大陸互聯網課程分享。
5. 提供年輕人對大陸就業創業問題指導。

第二篇

上海Ａ夢

兒童藝術美學達人／Otto2藝術文創集團總經理詹宗賢（以下簡稱「宗賢」）

商場文創規劃設計達人／荔堡企業管理顧問執行長 曾瑩玥（以下簡稱「小玥」）

快時尚供應鏈達人／傳梭智造快反供應鏈執行長 陳建志（以下簡稱「建志」）

背景音樂規劃達人／金革音樂（上海）總經理 邱野（述璿）（以下簡稱「邱野」）

認識 8 位口袋達人、了解 8 大專業領域，你是否已經躍躍欲試，迫不及待想到上海一展身手呢？別急！8 位達人還要傳授他們橫跨異鄉 20 年的錦囊智慧呢！

本篇以座談會的方式，就「管理」和「夢想」兩大主題，包含：創業緣起、吸引創投、團隊組建、營收獲利、同業競爭、落地營銷、商業模式等範疇，提供年輕的你，跨海逐夢必備新思維；想要創業的你，異鄉創業成功新要素；期待藉由達人們的分享，大家都能實現上海ㄟ夢，順利 A 夢成功！

兒童醫療守護達人／聖瑞醫療總經理 石明玉（以下簡稱「明玉」）

咖啡餐飲達人／瑪利歐咖啡總經理 洪束華（以下簡稱「Ivon」）

餐飲科技數據達人／國兆電子總經理 鄭俊彥（以下簡稱「俊彥」）

補教培訓達人／EET 國際教育執行長 高家偉（以下簡稱「笑長」）

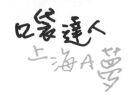

暢談管理

一、創業危機處理

事業發展過程中截彎取直的事業坦途，其實是先經歷了很多彎路，這些彎路可能是深淵大坑，也可能是懸崖峭壁，當碰到這些創業危機的時候，達人們都是如何化險為夷呢？

(一)創業危機在哪裡？

宗賢：
我的事業發展過程是先從台灣開始，再到中國大陸拓展。當初在公司的幾位股東裡，我是不贊成兩岸同時發展，畢竟人與錢都存在著問題，因此，我認為可以選擇台灣試點，效果若是很好，再複製到中國大陸，但最後卻事與願違。

事實上，我們在台灣就經歷過一次創業發展危機，當初展店過快，眼見許多家長相當肯定我們的教學方法，所以拓展迅速，後續開的單店，坪數亦皆擴增許多；然而，生意雖然擴大了，但成本也增加了，一時之間造成了金流跟不上，導致營運上出現虧損。我們的解決方案是把不賺錢的店關掉或者是縮小坪數，將規模放在可控範圍內，同時我採取了一個極為直接的危機控制做法，將風險管控點控制在承諾上！

當初因為營運不善與管理不當，造成了會員的誤解，經過股東們討論，由我代表公司出來面對會員，以商業道德和法律途徑作為兩項解決方案，商業道德的部分是向會員承諾會員卡的應得權益沒有任何減損，但碰到要轉店服務，若會員認為權益受損，可以依照相關法令來爭取權益。

經過了半年努力，我們發現，直接面對危機不逃避的做法，使得會員留存率達到了70%，表示對我們仍保有信心，順利地解決相關危機。

俊彥：

我的危機類型與宗賢類似，也是金流不順暢；但客戶類型與宗賢不同，他是直接面對消費者，我是面對企業客戶；他是ToC，我是ToB，所以處理的方式也不太一樣。我將危機處理分成對內與對外，對內採取裁員減薪的做法，按照不同的員工級別來做不同的減薪比例；對外則是跟客戶方直接商量應收帳款可否先請款，當然這裡必須做出一些犧牲，扣掉一定的百分比來收款。所以，我認為在危機處理上，應該要分成對內、對外處理，也要看自己的客戶類型，分成ToB與ToC。

建志：

俊彥這個危機處理邏輯太棒了，我們待會兒討論完這個主

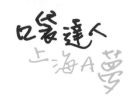

題，可以試著落實成一個創業危機處理模型。現在，來聽聽小玥在危機處理的做法。

 小玥：
　　在創業過程碰到了天災SARS，給我危機處理試煉的機會，面對客戶一下子驟減的危機，我們採取了兩個很重要的解決方案，第一個是加強我們的採買適配性，精算客戶用餐人數流量與食材需求，絕對避免產生冗餘食材；第二個是對外公關處理，將食材處理過程和來源透明化，讓消費者對我們餐廳的菜色食品更安心。

建志：
　　小玥在面對創業危機處理的時候，也分別在對內、對外採取積極透明的解決方案，我自己也說一下面對危機處理的做法。
　　我面對創業危機的情況也是現金流遭遇困難，當時處理的對內做法是降本增效，從裁員減薪與軟體開發外包兩部分來做，裁員減薪分為三級制：我自己、中高層主管和基層員工，減薪的比例分別是60%、30%和10%，這樣下來，可以幫公司每月減少平均30%的管銷成本，但我在度過危機的半年後、發放績效獎金時，對留下來同在這條船上的中、高層主管與基層員工都給予3倍的獎金，感謝大家的同舟共濟；對外的方法是要求市場部加強公關，在最困難的時候更應該讓我們的客戶感受到公司永續發展的企圖心，所以加強

很多的宣傳工作。

　　結合以上對話的創業危機處理解決方案，以下列理論模型圖表來表示：

創業危機處理模型

Ivon：
　　中國大陸重視勞動關係，創業時為了節省成本，錄用員工時，沒有很謹慎地留意「勞動法」，因而產生了二次問題——第一次，是前段就職的單位，曾經被員工要脅要舉報3年沒有繳公積金。我當時負責處理此事件，對應方式是：開誠佈公地將大家集合起來，整理並確認哪些沒有交公積金？哪些已經交了？再一個補發。

　　第二次自己創業時，當時外地人有不同的用工標準，期間有更新標準，有二位外地員工，希望部分不要交，於是我們協議：一部

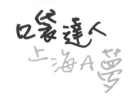
分交,一部分不交。後來有一些事,結果她們針對此事去舉報,要求我賠償2倍工資及補貼。後來我跟她們私下協商,動之以情,再透過介紹關係的協助化解,最後和解一筆費用,撤掉告訴,才平息事件。我自己檢討了,如實繳交五險一金雖然成本增加很多,但這是對企業最穩妥的方式。

達人說

2017年上海地區公司負擔職工五險一金

社保/五險(養老、醫療、事業、生育、工傷)=職工薪資×31.5%

公積金=員工薪資×7%

合計 31.5%+7%=38.5%

人事問題:建議依勞動法規處理,符合法規,成本雖然加大很多,但安心安全。因此對法規的變動,也要隨時跟進修正,杜絕人事糾紛出現。

笑長:

我的創業危機有兩個,一個是在【第一篇】曾經提及的資金危機,曾有朋友表示:「David你滿堅持的,堅持十多年還在做。」我有時候想想,自己是不是很笨?如果我不會堅持,不用賣掉3套房,如果不賣,現在資產有1億元啦!但沒辦法,創業一定要資金,而我的資金危機有過2次,發不出薪水,就用最簡單來解決方式——借錢、賣房子,借錢借到不好意思再向人借,賣房賣到沒

房，甚至還動用了台灣的房子來貸款。

當資金鏈不足時，若要堅持下去，只有：貼錢、融資、賣房子，作為堅持的後盾，撐下去，以待春天來臨。

第二個危機，則是勞工制度管理規則，我的問題不是人事，是執照。我有一張很特別的執照，稱為「外國專家局」，這張執照，所屬的單位是一個，但接觸的單位有3個，學校營業執照發證時間：1年一審、或2年一審、或3年一審。4年前，學校執照，同意給隔年執照，但不一定在1月1日給，可能2月2日給，也可能3月3日給，那時專家局將簽發日期改成跟學校執照日期一樣，這樣一改會產生時間差，如果外國老師到2月2日為止，那就沒有辦法辦理。我有20個外國老師，如果老師被遣返回去，一個老師人民幣5萬元，20個老師就人民幣100萬元！這事情找遍所有關係都處理不了，後來我的校長跟我說：「高先生，我帶你去找我的一位學生，他應該可以幫忙處理。」我說：「不用，不可能。」但後來還是跟著他去了。不過，最後並沒有見到那位學生，只是他有跟校長通了電話：「有問題直接跟我說。」說完，便交代：「去找某某人處理。」就這一句話，救到我們20幾個老師。當時老師都派到國際學校，如果老師被遣送，那麼我得如何賠償學校？不只人民幣100萬元，應該是所有應賠償費用的雙倍，所以我真的是遇到貴人了！爾後，關於這方面的對應，我都會預抓安全日期，就是重新調整跟老師們的約期，合同期間配合執照的日期，徹底解決這方面的困擾。

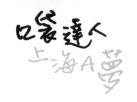
達人說

在中國大陸，經營人脈、借重當地人的人際關係很需要，而且不要
設定立場。舉凡平日多做好事、多結善緣，貴人處處皆有可能。

邱野：

如同本書【第一篇】中提到的，到2015 年，我終於認清事
實，深刻體認到整個唱片業實體通路已是夕陽產業時，對我來說，
當時就是創業最大的危機，該減、該砍的都做了，卻仍入不敷出！
最後決定切割，賣掉了中國大陸地區的唱片實體通路部門，將得到
的錢發給員工資遣，付掉該付的費用後，算是歸零了。

接著，我重新思考方向，更深刻地分析探討此行業的未來。傳
播音樂、分享音樂始終是我想做的事，在這方面，版權是硬實力，
也是剛性需求，為公共場所、營業場所，提供有版權音樂合規播
放，是可以開拓的另一條路，因此，我們挖掘出音樂公播市場的新
方向。現在回頭看，危機也是轉機，夢想不變，路在前面。

達人說：

企業已經確認無法再繼續，需要有勇氣切割，歸零開始，危機也
是轉機，轉機後還是要繼續努力。

不管天災或人禍，其實都是藉口，我們常犯一個錯誤「怨天、怨地，從不怨自己」，其實危機來了，先要反省自己，看看是否有哪裡做錯？危機，可能就是一個轉機。但我們必須要以敬畏的心來面對企業使命感，並要培養自己預見的能力，亦即「未雨綢繆」，平常自己就應該養成多方學習的習慣。

明玉：

我分兩個階段來談談自己的危機情況。第一階段是在2004～2009年經營廣告公司的時候，曾經面臨下列危機是：接到了大的單子，工廠卻交不出貨。當時察覺工廠有難度，卻隱瞞不說時，即刻電話交涉；強硬地搬出合同，並且以軟性的訴求，要求雙方公司誠信……但最後都沒有結果。掛上電話後，又急又怒，忍不住在馬路旁痛哭起來。不過，問題終究還是要面對、要解決，哭完後，便直接飛往工廠所在地，重新洽談新工廠，一段時期的高度緊張和壓力，直至產品完成，順利交貨！

那時，中國大陸大部分工廠的品質與信譽還是處在建構的階段，而隨著經濟起飛，企業主視野的擴展，消費者對品質的要求……，現在中國製造的產品已經有很大的改善了。

第二階段則是探討醫患問題。近年來，大醫院醫患關係日趨緊張，作為醫院單位其原因包括：體系冗長、病人量過大，不容易兼顧醫療品質而產生抱怨與糾紛。我們門診部經營方針是為病人提供

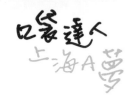

更好的醫療環境及流程，因此把病人的感受，放在首位，掌握客訴情況，一旦有抱怨，第一時間內處理對應，耐心細緻、同理心的溝通解決，絕對不要積累到爆點。

達人說

創業者特質：

有人固執強勢、有人隨和熱情、有人保守理性、有人開放創新，性格多半是先天結合後天環境所產生的，是不易改變，但只要能將任一種性格特徵充分發揮，它都會有利於創業精神；反而沒有性格特徵的創業家，好像成功的機會比較低。

創業者精神 ：

1. 使命必達（執行力）。
2. 熱情（熱愛你的員工、你的產品）。
3. 不怕改變（創新精神）。
4. 自我感覺良好（隨時肯定自己）。

（二）危機時的壓力情緒管理

笑長：

大家都講創業危機處理，但剛才明玉有提到情緒壓力問題，這一定都有，我覺得可以探討，例如：我就有幾次危機，都是在冬天，當時我從地鐵走路回家，這長達3公里的路途，可以讓腦袋清醒，思考出解決的方法。另外，我自己還有一個行為，當面臨壓力

時，會鑽到辦公桌底下，大聲喊：「自己怎麼這麼笨呀！想想到底該怎麼辦哪？……。」但這些都是過去會做的事，現在已經不會了。

現在的我，解壓的方式，會去騎腳踏車，騎很久，有時會跟家裡請個假，把事情安排好，然後搭飛機出趟門，去國外，走走看看，再回來繼續奮鬥。

Ivon：
我舒壓的方式是走路，走1～2小時的路來緩解壓力。有時候，會選擇看悲情的電視劇，引起共鳴，可以讓自己跟著哭一場，因為我的個性，讓自己掉眼淚很難，要藉著劇情的投入，讓自己發洩一下情緒。

邱野：
我的方式是講出來，我會找幾個最好的兄弟聽我說，我必須講出來，透過講出來的過程梳理事情及思緒，找到辦法對應。

明玉：
我也看電視，但跟Ivon不一樣的，我會選擇激勵性的劇情。壓力到極點，會看日劇，日劇一部11集，各有探討的主題：職業撰稿人、漫畫界的責任編輯、重回職場的家庭主婦、在小學當營養師的三星主廚、漫畫書的責任編輯員……等等，每一部劇情都很有激

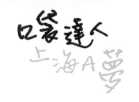

勵性，一邊看、一邊恢復鬥志，這對我來說很重要；人可以沮喪，但時間不能太長。

 小玥：

面對它、了解它、處理它、放下它！說起來簡單，但是很多人做不到！就好像身上長了瘡，你不去真正醫治它，只是一直用掩蓋的方法來處理，總有一天它還是會出問題的！必須正視問題，了解分析，然後找出最好的解決方法！解決了以後，就不要再去想了，要往前看！以後就不用糾結或抱怨在它為何會發生？而是要規劃及預防同樣的事情再發生！

達人說

危機事件發生時，當下的EQ情緒管理很重要，有人處理不過，變成憂鬱症，有人處理不了，可能會跳樓。因此要及時解壓，常常解壓，不要累積，用適合自己的方式走出來。

（三）如何避免重蹈覆轍？

 建志：

在公司治理邏輯上，事前預防比事後補救來得更重要，我們來探討如何將創業危機以及公司發展過程中的各種危機，扼殺於襁褓中的可能性？

俊彥：

由於我們是做軟體研發工作，在技術開發層面的投入很多，這是必須要鞏固的部分，不可以退縮，我歸納成「找人、找錢」是避免再度陷入金流危機的方法。「找人」是指平時廣交人脈，例如：找到對的CEO或會計師，提早做好財務規劃；關於「找錢」，這幾年我們開始跟資本對接，也有天使投資人進來董事會，這也是我們現在事業發展在正常軌道上運行的重要原因。還有一點很重要，在公司財務管理上，要保持至少6個月的現金流儲備資金，這是我目前堅持做到的。

宗賢：

危機帶給我們更快速的成長，更讓我認清了管理者的職責，要做好分工合作，不要好大喜功，譬如：在財務管理上就要找到專業的CFO進來，將財務運營基礎做得更扎實，整體成長可以更穩步前行，不會期望一蹴可幾的快速發展。我現在在每一個重要的發展關鍵選擇點時，都會設定兩個計畫：「Plan A」是比較安穩正常性做法，並且設定止損點，也要有試錯的本事和本錢；「Plan B」是以小博大，爭取合作，希望可以用自己的1,000萬元跟更多合作對象做一億元的發展，這種做法需要有更大的合作夥伴，目前我們在各地發展分支機構就是這麼做的，畢竟中國大陸市場太大，單靠自己直營，是不可能面面俱到的。

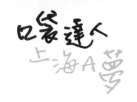

 建志：
大家在談避免再重蹈覆徹的方法，都有很棒的寶貴經驗，很實用的分享，我自己有兩點作為參考——第一、保證有一個核心團隊：我比較幸運，在大陸這麼多年，已經有一個跟我一起奮鬥20年的「鐵軍」，來自上海、北京、東北都有，我們就像個大家庭，做什麼事業都行，做什麼也都能成；第二、確保產品是剛性需求；我的商業模式是ToB，要挖掘市場客戶的需求痛點，對痛點的解決方案就是一定可以成型的產品，我現在針對快時尚品牌的快速反應供應鏈就是這樣的事業體。

 小玥：
輪到一無所有就無法重蹈覆徹了！這是句玩笑話，其實把每一次都當作新的開始，在做決策時，把不想發生的事一一列表！在做執行計畫時優先調整，避開這些項目，重覆犯錯的情況就會減少了！

（四）為何能有貴人出現？

 建志：
幾位達人在文章中都不約而同提到危機發生的時刻，都有貴人相助，請問為何能夠那麼幸運？總有貴人出現呢？

宗賢：

Otto2很感謝一路以來股東們的支持，由其台灣上市企業大亞電信電纜的投資與信賴，讓CEO與管理團隊能夠更專心去開拓市場，我也常常反思，他們為何相信你、支持你？我想這一定是雙向的，管理團隊能讓投資方信任是最重要的因素，貴人是一直都會有的，只要努力堅持去做，相信貴人常伴左右。

俊彥：

我的前老闆與前前老闆是我的貴人，他們在我事業發展過程中多次支持，我相信這是昔日工作的努力與誠信得到認同，所以，跟以前的老闆要保持良好關係，這個一般人比較少注意到；這點我相當重視，畢竟「吃果子要拜樹頭，飲水要思源頭」；在這裡，還有一點很重要，在貴人相助後，我常常主動保持聯繫，譬如每月的財報，不管他們會不會主動看，我總是會提早準備好，也會做很多的溝通。

建志：

我的貴人有兩類──客戶與投資方。在連續創業的過程中，都有原來的客戶變成我的股東，這幾年，也有專業的創投機構對我們的平台進行投資。在【第一篇】中，我講了幾段貴人相助的過程，我認為他們之所以出現，還是看到了事業的前景與管理團隊的

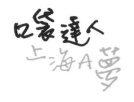

專業認真。當然，做生意還是先看人，貴人們的支持一定還是看到創業者個人品德的。

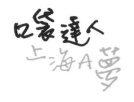

邱野：
我的貴人是我的姊夫──上海市台協常務副會長李鴻章先生。1997年，因為姊夫的關係，第一次來到上海，這也是促使我想來上海發展的重要機緣。落地上海後，他鼓勵我要主動創造人脈、積極經營人脈，人脈是非常重要、不可或缺的資源。在我的創業過程中，他也幫我介紹了很多重要的客戶。舉凡事業上、人生上的許多問題，我都會請教他，受他影響甚深，在上海，他真是我的貴人。

另外一位貴人就是台灣金革的老闆、創辦人陳建育董事長，1998年，台灣金革並沒有來中國大陸發展的計畫，當我提出想法，極力爭取來上海開疆闢土時，陳董事長提供最大的支援，之後的經營過程中，亦給了我很多幫助，讓我施展理想與抱負。在我工作生涯中，他是第一位、也是非常重要的貴人。

Ivon：
2002年，結束跟前公司的合約，我回台灣休息放鬆，沉澱將近半年的時間。有一天，接到高家偉電話，他在電話裡跟我講了一句話：「你在台灣幹嘛？你是屬於上海的，可以趕快回來了吧！」這句話在我心裡產生了很大的回響，我問了自己：「是要留

在台灣？還是回到上海呢？」後來回上海一趟，正好此時出現許多機會點，找我去工作、找我培訓上課，令當時的我受到鼓舞，儘管還有許多挑戰，但也更明確了上海是我的主場。所以，高家偉是我的貴人。當然一路走來，貴人很多……贊助我創業、幫助我度過難關的……，都是我的貴人，都是感恩。

 笑長：

我也是，人生走過來，貴人非常、非常多，邱永漢先生是我人生第一個貴人，他培植我，派我來上海擴展版圖；另外有位貴人肯定我的能力，找了我2年，投資我創業；創業過程中遇到二次艱難的時候，台灣另外一家大老闆又投資了我；這兩位貴人前、後的投資與支持，讓我的事業有了起步。還有之前創業危機裡提過的，我們培訓學校的校長幫我解決了證照問題，幫我度過危機，也是一位貴人。對我來說，貴人是隨處都在，我現在的客戶，有許多是離職的同仁介紹的，也有不續約的加盟校介紹的，這是我秉持的理念，離職員工、不續約的加盟商都不是力量的分散，而是力量的擴散，力量更大。所以我一直秉持廣結善緣的做法，以誠待人，成就他人，貴人就會因此無所不在。

 小玥：

很多時候！貴人來自於一個不計較的心，並且是真誠以待，

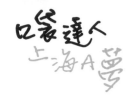

我的貴人都是我的客戶、朋友或是身邊周遭的人，當我碰到任何事，先不問是否利己？只問是否能助於他人？盡全力做到最好，在處事的過程中，自然我就能獲得更多的信任和機會！貴人如何來？貴人無所不在，貴人就在你身邊！

明玉：

　　對我來說，一直以來，貴人很多──肯定自己的上司、支持自己的部屬、相互鼓勵的朋友，都是貴人，他們讓自己每一個階段的工作得以有更好的發揮，生活可以呈現得更加精采。當然，貴人出現有一定的機緣，自己一定要有相對的付出，我認為自己要先行動在先，例如：對於上司，適時分攤壓力，全力完成交辦的工作；對於部屬，給予明確的工作指示，激勵肯定努力成果，幫助成長晉級；對於客戶，感謝給予的業務，提交最好的品質；對於朋友，在他需要的時候，給予真摯的關懷……；若能做到這些，貴人將會不斷地出現，甚至倍數存在。對我來說，這是我的真實體驗，一直是這麼在做的，也因為自己是這麼努力、很願意付出，所以自己也是自己重要的貴人之一，感恩所有的貴人、感謝自己。

達人說

「在你可以安逸的時候，千萬千萬不要去接近安逸」，因為很多人比你努力、很多人比你聰明，而比你聰明又努力的人又更多。學會樂觀和堅持，而樂觀需要智慧，堅持則需要勇氣。

二、中國大陸盈利模式

在此，大家談談跟自己領域有關的中國大陸盈利模式——

Ivon：

自己在連鎖體系待很久的關係，因此創業的情況下，容易被體制化，就是說，我以為這個模式就是標準化，就是開店然後加盟，別人加盟不了，我就自己開店、賣房子，也要努力往前衝。我在3年內開8家店，但開店有開店風險：法規問題、合約到期問題、房東房租漲價問題、獲利問題……等等。為了找到生存利基，自己檢討分析之後，重新調整盈利模式，開始運作顧問指導的方式，也就是我來教人開店，而不是為了開店而開店；而協助別人開店，角度客觀，成功機率比較高。加盟獲利已經不適合現在商業模式，必須轉型，再出發。

而這兩個模式的獲利空間如何？是不是加盟比較大？一般都會這麼認為的。但早期是，現在已非如此，消費者已經被教導，不會支付很高的加盟金，裝修費也是透明的，在網路發達的時代，設備也是透明的，加盟已經沒有獲利空間。現代年輕人，眼界比較寬、資訊比較廣，小型店容易參照或模仿，不是像以前什麼都不知道，被商標綁架；因此，我也不用LOGO來綁住對方，因為對方會覺得加盟你，你應該讓我賺錢，賺錢這個魔咒，會讓對方產生一些各式各樣的要求。開店有一句俗話：「師傅領進門修身在個人」，自己

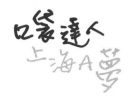

去學校學，學好自己要練功，不斷努力修煉，才能成功，成功不是交給別人，是在自己手中。

　　我在咖啡界的資歷及專業性，所擁有的Know-how是無價的，也是別人想學習的，所以現在為單店或小型連鎖店做顧問指導，為大型連鎖店做專業培訓，是我現狀能達成的商業獲利模式。

達人說

顧問的角色也就是提供創業者的不懂不足之處的指導，創業者對於投資項目，明確自負盈虧，義無反顧的投入經營，距離成功會近些。

Ivon：
那麼，這個模式，客源在哪裡？我們的客源，針對學生或想開店的人，去不同的平台上課，課程是收費的，課程收入這也是盈利模式，現有的兩家店，則作為培訓基地，以及營運場所。

達人說

一般的輕食咖啡餐廳可有淨利25％，但是前提必須要控制好銷貨和人工成本，並且經營核心商品，商品其實是與顧客之間的互動，透過這樣子的互動，才能成功經營門市，達成目標數據，回歸到與顧客交流、社區經營與分享。

邱野：

　　我的獲利來源就是服務方式，過去商業模式是銷售CD，現在大家需求的音樂方式變化，轉為數碼音樂，載體變了，但音樂改善人的精神生活、提升生活品質，這是永恆不變的。因此，2015年，我們重新整頓經營模式，運用網路雲播放機，為客戶提供公播服務，獲利主要來源為：音樂編排、版權授權、客式化技術服務……等等。

　　像目前當紅的節目「中國有嘻哈」，有2億多人口在看，追棒源都是國中、高中新世代，是未來的主流生，裡面哪一個嘻哈歌手、哪一首歌曲受歡迎？就紅半邊天了！曾有人問我：「這類的歌曲，你會去拿授權嗎？」

　　這就是公司定位問題，有自己的側重點、自己的強項，不大可能什麼版權都拿。「中國有嘻哈」是當紅，但歌曲大都節奏太強，比較不適合成為公播類播放。而且一旦歌曲紅了，再去拿的金額大都非常高，對比用途和效益，不一定符合。如我在【第一篇】中提及的，現在全國性的連鎖企業、大賣場、商場、餐飲、服飾、星級飯店，都可以聽到由我們所提供的版權音樂，給客戶最適合的背景音樂，在對的地方、對的時間，放對的音樂，才是我們愛樂的使命，我們企業的經營理念。

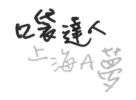

 笑長：
到現在，我認為自己還是有企圖心，還是創業者，所以我不斷地去嘗試。在經歷最危機以後，我調整運營模式——去做最難的、去做中國大陸不要做的、去做利潤可以最穩的，這樣我的公司才能持續下去。例如：外教派遣，十幾年前中國大陸沒有人會認為這是生意，然而，逐漸建立的口碑讓日本人學校找到我們，簽訂外教派遣合作，這就是創造出來的商機，雖是利潤最少的，可也是最穩的。

外教派遣的利潤大約10～15％。在學校開班毛利大約80％，但開班需要大量廣告費、大量行銷，還需要大量的人力、物力；但做人力派遣，只要好的口碑、好的服務能力、好的外教派遣管理能力。跟日本學校合作10年，是讓我幾次要陣亡了，又能讓我活過來的關鍵。我們做語言培訓，在上海不只跟本地人競爭，也跟台灣人競爭、跟國際人競爭，基於我在日本公司10年的經驗，我們後來跟日本最大的中國語學校合作，他們每年有很多日本學生來上海學中文，我們現在上海算是蠻知名的中國語學校，這也是我們另外一部分蠻重要的獲利來源。

 明玉：
醫療院所獲利模式來源，不是藥費，藥費是藥檢局控管的，毛利本來就低於10％，近年更是零差價。因此，民營醫療院所的獲

利，基本上是診療費、治療費。上海營運成本很高，三甲醫院國際部、民營醫院、私立門診部診療費在人民幣500元、800元、1,000元，聖瑞醫療診療費不到500元，是目前最友善的價格，加上提供高品質醫療品質，受到病人口耳相傳的推薦，締造出良好營收，這是我們經營的獲利模式。

 小玥：

文創娛樂這個產業，需要很多的創新理念，更需要有落地的做法，任何一個案子的呈現及展出，都需要很多不同單位、不同的人、不同的方法去執行，所以，需要更多的包容性和耐性去進行溝通，並接納各地人文氣候生活環境的差異化，找出共同的發展性，如此，越在地，就越文創！眾創空間，分享平台是目前非常重要的營利模式。

達人說

什麼是商業模式（Business Model）？簡單的來講，就是賺錢的模式。怎麼樣去透過商業模式來賺錢？不外乎是從顧客。顧客要什麼？我們可以為顧客創造什麼價值？並在這個價值上產生一個可以持續獲得利潤的模式。每個人都想賺錢，每個人都想這樣子是不是可以賺錢？那麼，我們應該要從哪裡開始才能賺錢呢？答案是──先了解消費者的行為。

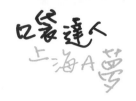

（一）做精還是做廣？

　　達人們在大陸已經好多年了，這個全球最大的內需市場幅員遼闊，發展機會超大，我們來探討自己事業的發展是做精？還是做廣？

俊彥：
現在講究的是垂直細分市場，把產業先做精，再尋找跨界融和的機會做廣，但這個廣，也許是更多資源的結合。

宗賢：
產品做精、品牌做廣，過去我們發展江、浙、滬，努力把產品做好、做足，等到接地氣後，再逐漸把品牌做廣。

建志：
長期以來，我的原則都是「專注一釐米，做深一公里」，對於產業是做精，產品是做廣。

Ivon：
一開始創業時想做廣，希望多元化的獲利來源，現在調整做精，開店技巧加上咖啡資源整合，受眾目標和獲利將會更明確。

邱野：
做精或做廣，分階段，先以上海做為範本，為旗艦，之後再做精，再複製到各城市。有能力做廣，沒有能力做精，能力包括資金、包括可複製的員工。

笑長：
中國大陸營運模式講求快速，我先求有，從廣度做起，總有一個模式被我試成功，然後再做精！

明玉：
我們先做精，現在已經完成，標準化已經出來，所以開始做廣，繼續複製擴展，只是擴展的速度跟人員的儲備培養有關，這正是我們現階段在做的事。

小玥：
個人認為要做廣，也要做精。精──在自己的本業精益求精！廣──是要對外不但要廣結善緣，並且要廣泛涉略吸收各界新的知識！

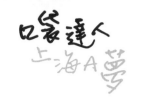

> **達人說：**
>
> 同業競爭，資金是最重要的，你有多少錢可以跟人家玩？這是一個非常重要的課題，此外，是要講差異還是要講模仿？是做精還是要做廣？是要求氣長還是求氣粗？兩岸文化差異非常大，這是創業者要考慮、要學習的。創業路迢迢，走過了，就是經驗，不管對錯，都是價值。個人如何面對同業競爭？1. 保持企業的競爭力；2. 資源整合，也就是借力使力；3. 做最難做的。

（二）建立品牌的方法

建志：

對於企業發展要有敬畏感，我們剛剛討論了很多；而對於品牌發展，則要有使命感。建立品牌不是只在一定範圍內小打小鬧，而是懷著敬畏的心去創立一個讓客戶能夠認同的品牌，公司是品牌、平台是品牌，產品會說話，更是品牌的代言人。在中國大陸，互聯網的發達造成了數字化營銷（手機移動端與各種數位化呈現的載體所進行的營銷手段）無孔不入。我建立品牌的做法有兩部分：第一部分是利用數字化營銷，我們的市場部有很強大的移動端推廣能力，可以做到即時性的宣傳推廣；第二部分是提高專業形象，讓我公司的顧問師團隊不斷在產業發出專家聲音，有時候是參與政府機構的演講邀約，有時候是與大型平台合作，譬如：「阿里巴巴」合作專業課程。

宗賢：

我對品牌建立的做法分為戰略與戰術兩部分來進行，在戰略層次，我們在2015年開始與國際接軌，辦了100場的美感創造力課程，一直到現在，每一年都有主題性的課程，年度品牌宣傳的定調，帶領各項講座的舉辦。在戰術落地執行的部分，進行各地區品牌區域授權，做區域聯營，這裡最重要的是複製人力，讓品牌力的推動延續總部既定的形象與要求。

俊彥：

建設品牌就是要做出差異化，以餐飲數據來說，口味、環境、服務3個要素是門市經營基本的要求；當這些數據有好的點評時，自然會建立口碑營銷。在過程中，更可以建立起企業形象CI，包括：MI（理念識別）、BI（行為識別）、VI（視覺識別）。

笑長：

我們2003年在大陸自創品牌，一直用自創品牌推廣行銷，後來遇到事業危機，我們轉做合作和代理，代理部分跟日本專業的中國語學校合作，每年帶來很大的生源，利潤是比較好的。我們也跟加拿大最有名的戶外遊學單位合作將近十年，合作代理的業務結合雙方資源，帶來的業務相對穩定。這兩項合作都是建立自己品牌專案裡面，目前我的品牌之路，繼續深耕中。

明玉：

上海法規，成立門診部必須在有限公司的基礎上設置，每開一家門診部都必須申請一個有限公司，所以我們門診部的名字都不一樣，聖安、聖恩、聖欣……等等，但這樣的擴展比較難聚焦，難簡潔有力地識別強化品牌，因此，2013年我開始主導做品牌，重新註冊了「聖瑞醫療」作為公司主打品牌。

醫療品牌的經營，不適合大力投放廣告，我們主要行銷靠的是口碑，口耳相傳、病人推薦，這個目標對於聖瑞在上海來說，已經有很漂亮的成績單。除了口碑以外，我們也有運用微信，當紅的微信媒介，我們運用在客戶的服務上，維護功能包括：「微官網+醫療資訊分享＋健康管家（病人可以直接在手機上看到小朋友的生長曲線、就診記錄、疫苗施打情況、預約等）」。總體來說，聖瑞醫療的品牌影響力正平穩地發展中。

邱野：

自己在上海從無到有，創立金革，自己跟品牌是等號，跟Ivon一樣，增加自己的曝光度，等於增加品牌的知名度，所以我隨時在做行銷，參加了台協、連鎖工委會、文創工委會……等社團，且義務做很多事情，參與主持節目、增加自己曝光度的方式，不斷地在告訴告訴別人「我在做金革，金革提供音樂版權授權、音樂公播服務」，確實因為這樣，成功地接了許多連鎖品牌的專案，做好

服務、做好品質，靠著口碑，一步一步將品牌做起來。

Ivon：

經營店鋪，要從店鋪定位著手，做一些延伸擴展，增加曝光度。早期一定是任何展覽會、展銷會全部都要參與。現在互聯網時代，即使是一家店，也可以運作各式各樣的推廣方案，更靈活地創造品牌魅力。另外，以自己為例，因為在業界很久，個人的魅力大於品牌魅力，所以品牌亦被忽略，因此會將品牌推薦結合在一起，更積極地強調品牌，達到為品牌加分的目的。

小玥：

常常聽人說何謂品牌？其實品牌就是一種信賴它的情感，也就是一種生活型態Life Style，要創造品牌的生命及個性！所以，了解你的客戶使用者的生活型態，做出差異化，解決消費者內心的隱性需求，獲得驚訝，才能讓消費者一直信賴、支持、迷戀你的品牌！

（三）尋求創投的經驗分享

幾位達人都有融資經驗，對話過程將引導實際經驗分享──

建志：

在我的連續創業過程，有客戶參與的投資、也有創投機構

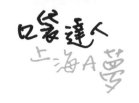

參與的財務投資，接下來，我以如何在創業過程中獲得VC的投資來做分享：第一、要成立為了融資作業的專案項目組，因為融資是一項工作，這項工作不是一個創辦人自己就可以做完的，這個項目組的成員至少要有3個人以上：創始人、財務主管和項目主管，必要的時候要加上創業項目的技術合夥人，首要工作是先製作一份介紹創業項目的商業計畫書（BP，Business Plan），裡面要清楚講述核心競爭力與差異化不可取代性，接下來有一連串的推廣展演要進行，這個可以留待有更多時間與機會分享的時候來介紹；再來是對融資有正確的認識，融資是個持續不斷的過程，會一輪，再一輪，所以企業發展與融資進度要相匹配，通常越早期的創業項目越要小步快跑，在一定的時間內要多融幾輪，進入到正軌發展階段，就可以拉長融資週期。

俊彥：

創投的引進我有幾個經驗歸納——1. 要有抗戰心態：融資除了要有實力耐力，還需要有很好的抗壓能力；2. 設定目標群：希望找到什麼樣的機構來投資，要先有個目標，了解你項目產業背景的投資方，溝通起來一定是事半功倍；3. 熟人介紹：如果有認識的人脈來介紹投資方，這樣進行起來更快，但這個要碰運氣了；4. 參加競賽：現在有很多創業項目競賽，多去參加，可以增加項目曝光度，讓更多的投資方認識你的項目；5. 請教好的律師：到了項目盡

職調研與投資協議談判階段，會有很多檔法律上的專業，這時候已經不是你原本的產業專業可以覆蓋的，必須要有優秀的律師來幫你把關。

笑長：
創業初期是有天使、貴人的方式，但最大部分是賣房子投資。

宗賢：
我更看重的是「是否具備被投資的能力」？這裡從創業項目的時期來分為兩類，項目在早期投資階段是看潛力，相對有感性與理性層面；中後期相對理性，更注重在財務數字與獲利能力。在早期，項目很難馬上產生盈利，這時候創始人與創業團隊成員要不忘初心，秉持對項目初創的激情，自然可以對投資方產生吸引。但是到了中後期，就是看財務能力了，企業沒有自我造血能力，若只是一味地追求資金投資，這將會失去經營企業的本質，陷入為了融資而融資的誤區中。

達人說

大家都知道，創業過程中，資金投資是相當重要的。如何吸引創投？創投資金會建立在你的團隊之上；所以，有一個好的團隊，才會吸引到好的資金創投。

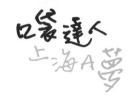

三、自我修煉技法

進修——更高「學歷」／修煉——如何精進專業「學力」

 俊彥：
幾年前，我在上海財大進修MBA（金融商學碩士），除了訓練自己有專業上的收穫之外，更重要的是人脈的拓展，畢竟上MBA課程的學生都是在社會上工作的經營者或是高級管理人員。

 宗賢：
閱讀是我對自己修煉的常用方法，在看書的過程中，會讓我領悟到很多原本想不透的點，所以，我也相當鼓勵身邊的朋友多讀書。

 建志：
「教學相長」是我工作上可以逼自己進步的做法。最有效的學習是教學，因為準備課程教材的過程就要重新對課程有一番理解，而這個過程常常逼你得重新閱讀一遍，好幾次的備課等於讀了好幾遍，這是我自己在修煉的部分很特別的學習方法。

 Ivon：
網路訊息、自己的產業，做很多搜尋，練習、觀摩、考

察，是我自修的方式，中國大陸常開很多課程，如：行銷課、管理科……等等，我會去參加理論學習，以提升自己更多的管理能力，思考更多的創意。

邱野：
對我來說，人脈算是一種修煉，我過去比較封閉，後來因緣際會加入台協、連鎖工會，算是義務支持的，奉獻自己的時間，來增加人脈，不過，確實也因此做到許多生意。台協連鎖工會裡有很多講座，像：中興大學這裡辦的短期台資企業升級，半年為一期，叫「迷你EMBA」，我自己比較喜歡稱之為「研習營」，目前已經研習2個班，一個轉型升級、一個是創新班，從中獲益不少。

　　參與2016年12月創新班，內容研習為「通路市集」，這個項目是要實地應用的，名字是「三好」。開放文創朋友一起參與，整合資源，打造一個像「簡單」的活動品牌，現在接過幾場活動，例如：閔行區政府活動、人家邀約，我們組織參展……等等，這些屬於短期，未來希望可以長期策劃做成品牌。對於我自己來說，主辦、協辦、受邀，一直不斷。

Ivon：
做音樂文化傳播者，公播是營業項目的一種，剛才提到文創市集，也是文化傳播，可以結合，營運高目標，可以將文創延伸延

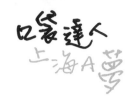

展，可以廣、可以深，前提是完善組織化，透過人力、時間管理，有效分配運作。

 小玥：
旅行放空，不同的空間，轉換元素，才能讓腦子更清醒，看事的角度更多元化，自然就有更多的創作！

達人說

「企業轉型」，不一定贏在創新，但可能會輸在不變，不變的結果，就是萎縮。

 Ivon：
自己這幾年有一些修行，改變了很多思維方式，我把這些改變運用到工作上，尤其在員工管理上，以前是比較強制性，現在會用人性化的方式來互動，心性上提升許多。

笑長：
自我修煉的技法，我自己設立的目標有分為動態及靜態，50歲前能做完，我已經完成大家說在台灣應該完成的3件事：自行車環島、橫渡日月潭、爬玉山，現在都已經完成，明、後年的目標也都設定好了，每年做一個動態目標。我不是一個運動愛好者，但

會運用這樣的方式來達成自己想要達成的目標，同時檢視自己的身體有沒有問題？我覺得這是自我體檢——騎車、游泳、爬山……等等，這些項目比去醫院健康體驗更直接，當然也達到運動健身的目的。

靜態部分則包括：看書、培訓、參加講座、出國。我自己個人有訂管理類、科技類雜誌，雜誌更新很快，蒐集資訊相對完整，我會去參加講座，例如：台協講座，讓我學習到不錯的演講的模式，並了解「上台不可能等你準備好，而是隨時要準備好」。

以上這些，都是我自己進修修練的方式。2017年，我還報名了台灣生產力中心的「經營管理顧問班」，它是用日本工廠營運管理模式，例如：豐田式管理、走動式管理來研習，自己上課後，更是覺得相當有幫助。來上海近20年，已經被掏空了，需要充電。台灣理論上、軟實力上、管理上還是比較超前的，所以會定期回去吸收新知識。

明玉：
2011年，我跨界進入醫療行業，面對的都是專業人士，醫師、護士、檢驗、藥師……等，每個職務各有專業、各自領域，缺一不可。我的修練就是如何讓這個優秀的團隊能如樂團般各自發揮長處，並且合奏演繹出悠美的音樂。我去支持門診部經理的工作、去支持醫師的工作、支持護士的工作、支持檢驗藥師的工作；可

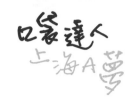

是，沒有醫療專業背景的我，是如何支持呢？1. 組建優秀的後勤管理團隊：保險專員、HIS系統專員、市場行銷專員、微信行銷專員……等等，為門診部提供最大的支援，讓各專職能各司其責做好自己的工作，例如：醫師有優良的診治空間，能專心安心為病人診治、護士有愉快的工作環境，確保耐心細心的協助醫師做好護理工作等；2. 公司績效日益見長，逐年幫大家爭取更好的薪資福利，讓大家的辛苦有所收穫；3. 全力投入解決運營過程中的部門協調問題、客服問題、制度流程問題……等；4. 就醫療來說，上級的衛生局、衛監、藥監、市場監督管理……等，有許多的法規必須時刻掌握了解，以利規範布達管理。

 笑長：
那麼，政策法規如何獲得？資訊搜集？還是政策發佈？

 明玉：
政策法規，都是上級單位的通知，上海對於醫療控管非常嚴謹，上課、開會、不定期的飛行檢查，都是監管的方式之一，杜絕醫療事件發生。門診部收文後派有關人員參加，每週主管會議會提出報告，大家共同掌握了解，並依法配合執行。

我的自我修練還包括開展新的項目，例如：最近我們引進過敏皮試貼或足底檢測項目，我跟大家都必須共同學習。我這裡是公

司運營的第一步，了解新項目的特點功能，才能做出合適的推廣計畫，確保項目啟動的品質。

所以，處理公司事務幾乎已經是傾盡我所有時間。說實在，已經沒有多餘的時間去上課。現在的自我修行，必須做的事是每年的日本賞櫻，一週的放鬆時間，暫離營運現場，可以讓自己有距離的回顧過去這一段時日是否有所不足？思考下一步的調整方針等，日常工作的節奏很快，需要放鬆一下，回來再繼續衝刺。

達人說

自我修練有：本身職務必須加強的、公司業務必須加強的、給自己加壓及加油的時間。

笑長：

10年前，曾與某大學進修推廣部負責人談過，他們一直想進中國大陸，後來有沒有進入？我並不清楚，因為就算有，也不是跟我合作。不過，裡面有一個「金牌主持人」課程，只有6堂課，以及「文創達人證書班」，這些課程我都覺得大家有機會應該要去上課、去學習。

生活進修，這應該是中國大陸未來趨勢，在彼岸的台灣年輕朋友，他們最缺少的就這些優質進管道修的來源，最後不得不去中國大陸的EMBA學習，不是不好，但在上海應該能找得到更多元的進

修項目，例如：課程裡面有玩音樂、教小朋友如何玩音樂，我覺得這是台商小朋友最缺的，外國玩音樂可以玩到DJ，但中國大陸這種課程很少的，邱野倒是可以嘗試做這個部分，畢竟與個人專業息息相關。

　　或許我們可以探索研討，可以在大陸開展的進修課程？不但適合在中國大陸的台灣人，也適合當地人一起學習的。

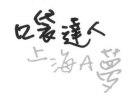

Ivon：
　　我的自我修煉，有考證的部分。學習咖啡的點、線、面知識，初期並沒有特別強調考證，但近幾年有很多比賽，如：國際比賽、拉花比賽……等等，覺得自己要給人上課，教人咖啡、教人開店……，這些都需要證照做背景，所以也就去參加考證取得證書，這也是自我修練的提升。

　　在管理研討上，我還想提出自己有在做的「員工培訓系統化作業」，組織系統裡，不論單店或連鎖店，培訓的系統化很重要，都需要導入這樣的作業系統。

　　我提出主要想法是——不論每個公司是大、是小，都要有工作站，很清楚的框架，每個職務的職責與功能，幾個關鍵位置被確定化，定位培訓，這樣新近員工可以直接順暢流程作業，不會自亂腳步。

笑長：
　　這方面我們也有，但處理方式不同，我的員工一下子很多、一下子很少時，如果沒有方法變少，就再開一家店，把人變少，一緊一縮，我覺得這都是管理模式。管理者自以為是的管理模式，是不是對的？管理員工、公司制度，會一直用反思的部分反思自己，我怕被人說自己老了、思維老了。

明玉：
　　每個公司內部各職責的SOP、績效考核，都需要建立，是管理運營必要的工具。

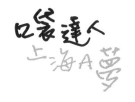

追尋夢想

一、前進大陸是夢想還是現實必須？

在討論過程，大家都是因為現實中的因素而來，歸類為兩個原因：一個是公司外派到大陸，一個是跟著客戶發展到大陸。

笑長：
我是台幹變台商，現在不管在哪裡，我都鼓勵所有台灣朋友有機會一定要來中國大陸，至少1次。現在正在進行的項目中，是實踐大四學生來中國5個月，學校在做的部分，我自己跟台灣朋友分享——中國大陸市場不只是中國大陸市場，而是全世界競爭的市場，1年、2年的經驗，就等於是跟世界有競爭學習的經驗，回到台灣，對台灣有幫助，對自己有幫助，在這裡1年勝過在台灣3年。

語言培訓學校，是我的專項、是創業的夢想，在台灣做補習班，是補習班的主任、補習班的老闆，中國大陸是培訓學校的校長，名字就不同，跟中國大陸合作的時候，有時會把我們的頭銜變更大，稱呼為「總裁」。哇！我不用加自己頭銜，而是中國大陸合作夥伴或朋友會把我的頭銜加大，不是，膨脹，而是層級就會不同。

這是被禮遇？還是被利用？都可以，表示自己有價值。總之自己要相當理性，清楚自己的定位，並且朝向目標前進。

Ivon：

我也是台幹變台商，剛派到上海時，開始沒有太多想法，很順遂，後來可能年紀到了，想著慢慢變老了，還在上班，於是開始想，自己的夢想、自己的初心到底是什麼？後來決定去實現夢想，所以開啟了咖啡的創業之路。

邱野：

我跟大家一樣也是台幹，不一樣在於這個台幹是我自己要求來的，1997年第一次來看到大上海，非常憧憬，覺得應該要過來；到了2000年，一有機會就主動要求來中國大陸發展，我本來就是單位主任，自己獨立部門，所以就過來了。

工作開始，一路選擇推銷，是對自己是有期待的——1. 賺錢；2. 學膽量，希望面對眾人可以侃侃而談，有自信地談；3. 工讀生、組長、科長、主任，一路升遷都是自己想要當的職務，想進步、想要不一樣。一直到1997年，來過中國大陸後，就一直想要來發展，來了自然從本業開始做起，努力圓自己的夢想。

達人說：

創業三力：1.學習力；2.工作力；3.影響力。

創業三不要：1.不要自私；2.不要客氣；3.不要害怕。

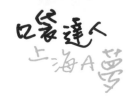

二、現在的事業真的是當初的夢想嗎？

　　討論最真實的「夢想很豐滿、現實很骨感」，大家各有反應；特別是創業中的達人，現在的事業都是當初的夢想、當初想做的專案、想做的事業，現在都還在堅持著、努力著、挑戰著。

俊彥：
現在的事業有成之後，很希望可以給年輕人創業上的支持。

宗賢：
　　一路上都是有夢想，也因為夢想支撐，才能走過創業歷程，雖然現實一直刺激著夢想，但創業初心一直都在，希望把兒童美學真正落實到每一個需要的人心中。

Ivon：
　　現實中，夢想有時候會縮小，遇到正能量又變大，從小自己對人生的規劃……做什麼，才會讓事情、生命更有意義，做任何事都是喜悅的、開心的，是具有幸福感的。

建志：
　　以後的夢想是做一個主題旅遊網站，將很多小說情節與旅遊結合。

明玉：

雖然轉跑道，走入不同的行業，但是夢想的心是一樣的，希望在現在的工作中得到成就，希望建立一個讓員工覺得有幸福感的公司、希望到門診部來就診的病人得以診治。

三、未來想做的事？挑戰的事？

Ivon：

未來希望有機會每半年住幾個國家：澳洲、台灣、日本、加拿大，每半年住1次，而這4個地方都有我的咖啡館。

台灣已經有了，和表妹合作自家烘焙的店，上海有了，澳洲、日本找人一起合作。之後的生活方式，不僅有自己的咖啡可以喝，到了當地，又可以住上半年，多好！

笑長：

我這半年回台灣上課，蠻棒的，從課程中得到的思維：老齡化越來越快，超過50歲以上比例越來越高，我也邁向50歲了，但覺得自己還可以做很多事情，可以幫助50～80歲以上的人，提供生活大學或生活工廠，想做可以幫這些人圓夢的事。舉例來說：Ivon想去澳洲半年，我可以幫她規劃，實現她的夢想，簡單講，就做50歲以上的遊學！至於家庭的夢想，就是開船帶著全家人環遊世界。

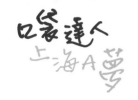

 明玉：
未來，想做的事情很多，比較具體的一項是辦一個櫻花攝影展、出一本櫻花攝影加攻略的書籍，希望透過鏡頭呈現櫻花的美、記錄櫻花的美……；雖然花期短暫，但美麗永存，美好無限。

 邱野：
我有2個夢想：（一）工作上：我們這個產業是可以做的，能複製到全國重點城市，都開分公司。（二）想做一個「Music Station」：將聲音演變的載體蒐集起來，找一台留聲機、電唱機、夾式錄音帶、卡式錄音帶、CD、LD、DVD、VCD、數位，一路過來演變的展示，有錄音室、有小舞台等試聽體驗，再加上跟音樂有關的硬體、耳機、音箱等，「Music Station」是結合音樂所有元素的、讓音樂愛好者有聚集的地方。

 笑長：
這樣的夢想建議可以撰寫企劃案，中國大陸有這麼多投資者，說不定就有投資者喜愛音樂，喜歡加上商機，而願意投資呢！

 小玥：
想回台買一塊地，蓋自己的民宿，將自己多年的作品呈現，種種菜、種種水果，將田園每天發生的事拍攝記錄下來，跟自己的

家人開一場生活攝影展！

達人說

每天呼喊：「不畏不懼‧繼續努力」這句口號，可像魔法般可以帶來自信的力量。

法國大文豪雨果（Victor Marie Hugo）曾說：「生命固然短暫，我們卻常常漫不經心的浪費時間，使生命更為短暫！」既然存在人世，我們就要豐富人生，讓人生過得更加精采！

國家圖書館出版品預行編目資料

口袋達人上海A夢 / 陳建志、詹宗賢、邱野（述
璿）、曾瑩玥、石明玉、洪束華、鄭俊彥、高家偉
著. -- 初版. -- 台北市：商訊文化，2018.01
　　　　面；　　　公分. --（中國市場系列；YS01120）

ISBN　　978-986-5812-71-3（平裝）

1.創業　2.成功法

494.1　　　　　　　　　　　　　　　　　106025375

商訊文化
中國市場系列 | YS01120

作　　者／陳建志、詹宗賢、邱野（述璿）、曾瑩玥
　　　　　　石明玉、洪束華、鄭俊彥、高家偉
出版總監／張慧玲
總 策 劃／高家偉、曾惠真
編製統籌／翁雅蓁
責任主編／翁雅蓁
封面設計／柯明鳳
內頁設計／唯翔工作室
校　　對／吳錦珠、陳建志、石明玉、高家偉、曾惠真

出 版 者／商訊文化事業股份有限公司
董 事 長／李玉生
總 經 理／李振華
行銷副理／羅正業
地　　址／台北市萬華區艋舺大道 303 號 5 樓
發行專線／ 02-2308-7111#5607
傳　　真／ 02-2308-4608

總 經 銷／時報文化出版企業股份有限公司
地　　址／桃園縣龜山鄉萬壽路二段 351 號
電　　話／ 02-2306-6842
讀者服務專線／ 0800-231-705
時報悅讀網／ http://www.readingtimes.com.tw
印　　刷／宗祐印刷有限公司

出版日期／ 2018 年 01 月　初版一刷
定價：350 元